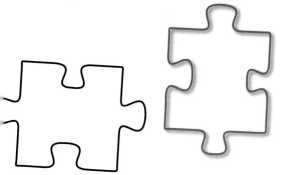

◆王勇 主编

家装我知道系列

家装设计我知道
第2版

U0340582

机械工业出版社
CHINA MACHINE PRESS

本书为《家装设计我知道》（第1版）与《家装风格我知道》（第1版）两册的合并修订本，整合原有的重点内容，并加以提炼、合并。同时，文中所配图片全部更新，且指向性更加具体、实际，这使得读者对家庭装修的了解更加丰富，更加全面。

图书在版编目（CIP）数据

家装设计我知道 / 王勇主编．— 2版．— 北京：机械工业出版社，2012.11
（家装我知道系列）
ISBN 978-7-111-39208-8

Ⅰ．①家… Ⅱ．①王… Ⅲ．①住宅—室内装饰设计
Ⅳ．①TU241

中国版本图书馆CIP数据核字(2012)第167743号

机械工业出版社（北京市百万庄大街22号 邮政编码100037）
责任编辑：张大勇　王　一
封面设计：骁毅文化
责任印制：乔　宇
北京汇林印务有限公司印刷
2012年11月第2版第1次印刷
169mm×239mm·5印张·150千字
标准书号：ISBN 978-7-111-39208-8
定价：28.00元

前 言

随着这几年房地产市场的发展变化，加上各种原材料价格以及人工费的不断上涨，家庭装饰装修行业虽然没有发生实质性的改变，但也产生了不少的阶段性调整，尤其是在费用上较前几年发生了比较大的变化。

《家装我知道系列》第1版于2008年首次出版后，由于受到众多读者的欢迎，累计印刷已达五万余册。本着为读者负责的态度，本次改版以留其精华、去其多余为原则，修改不相适应的内容，无论是在语言文字，还是参考图片上，都做了大量的更新与修改，尤其是对于这几年变化较大的费用数据，都根据时下最新的物价水平做了更新与调整，以期让整套书的内容更为精练、实用，同时也更符合当前的行业消费现状。

改版后的《家装设计我知道》将设计与风格这两方面的内容合二为一，使书中的内容更加实用、精练，同时紧跟流行趋势，将书中的参考案例全部更新，从而更好地反映时下的装修形式与热点；改版后的《家装预算我知道》删除了一些老旧预算，增加了新预算与新的自测表格，更新后的预算单，更加适合为家庭装修作参考；改版后的《家装材料我知道》在第1版的基础上，删除了一些老旧材料，增加了部分新材料，同时为使内容更容易理解，删除了第1版书中对材料的定义部分，保留了更为实际的内容，且增加了当前的材料价格比对（本书所有材料价格来自各大建材市场以及各厂家的网上报价）；改版后的《家装工艺我知道》突出了对装修质量的监控，包括施工过程中、施工完成时的质量控制，以及施工完成后的问题补救。同时，书中配以大量的实际施工图片，可使读者能够更加直观地对装修进行质量监控。

本套丛书能够给广大读者朋友带来更加实用、更为具体的参考信息，帮助读者轻松完成家居装修，营造一个完美的生活空间，从而更好地享受幸福生活。

参与本书编写的人员还有张宁、邓毅丰、江乐心、王敏、罗娟、黄肖、程波、刘文杰、李华、谢永亮、马禾午、刘全、张志贵、李小路、赵延辉、刘磊、王健、周岩、王云龙等。

目录 Contents

第一章 设计概述

一、整体空间功能性设计

消费者在进行装修前，应该了解房屋的基本功能构造、领会房地产商开发的目的。由室外进入室内，途经门厅、客厅、餐厅、走道、书房、卧室等功能空间，发现这些不同的空间均有不同的特点，需要将它们合理组织、相互协调，如私密空间与公共空间的区分、主要空间与辅助空间的区分、动态空间与静态空间的区分等，从而达到提高居室整体使用效率，给人以秩序井然、整洁美观之感的目的（图1-1）。

居室的基本功能包括会客、团聚、视听、餐饮、学习、工作、休息、睡眠等，每个空间有不同特点。例如：书房、卧室应安排在房屋内侧一点，从而不被其他居室活动干扰；会客、团聚等活动则相对动态，应设在整体空间外侧，与外界相联系；厨房、餐厅应相互比邻；卧室与卫生间相接近等。

图1-1 客厅

二、居室装饰的个性化

图1-2 个性的现代时尚

追求个性是现代生活的时尚。不同消费者的生活习惯、文化背景均不同，也就对居室的装修色彩、造型、风格等产生了不同的诉求。盲目地抄袭、借鉴所达到的效果最终不尽如人意，应尽量征求使用者的意见（图1-2）。

业主或设计者在进行居室装修前，应考虑相关因素：家庭成员的构成、人数、年龄、性别、职业特点和文化水平，生活起居方式和行为特征，经济收入和消费水平等。

考虑到家庭成员和来访亲友多，外部空间（客厅、餐厅、走道等）应尽量造型简约、色彩平和，从而符合大多数人的审美特征，但也应当追求必要的创意灵魂，如客厅电视机背景墙的造型应与众不同，能反映整个居室整体风貌。

什么是个性装修呢？真正个性化家庭装修，应该是符合业主自身经济条件的，既能反映业主的性格特征、文化背景、社会地位等，又能保证家居的方便、实用和美观。盲目追求古怪、违反人们正常承受能力的装修，绝不是个性装修。同样，处处突出个性，结果往往事与愿违。因为个性的突出与张扬，是需要空间和留白的。否则，处处个性张扬，一旦设计失衡，要么反成败

笔，要么相互掩盖，个性也就很难成为个性了。相反，在一个空间内，突出一个个性，个性反会张扬，若再配以适宜的家具和装饰画，相互映衬，个性也会更加突出，则品位自在其中（图1-3）。

图1-3 空间与留白

三、居室装饰细节的美观性

图1-4 后期的软装饰

遵循大的主体格调和创意风格后，应注重居室的细部装修和软装饰环境的布置，这也是居室装饰可持续性发展的基本要求。

在装饰细节上，可在不同功能空间的墙面上涂刷不同的色彩，墙面挂置主人喜爱的装饰陈设品。随着时间的推移，墙面色彩可局部涂刷、遮覆，装饰陈设品也可不断更换，满足人在不同年龄阶段的审美情趣。

注重后期的软装饰也可降低居室硬件装修的费用，从而达到降低成本、点明个性的最终目的（图1-4）。

四、空间设计概念

室内设计是装饰工程的灵魂。经过精心设计的居室空间必然要满足人们生活、工作和休息的需要。与简单装修相比，空间设计着重考虑室内空间的环境本质，并对其进行细致的规划与布置，而不是停留在外部华丽的装饰构造上。

室内空间设计是以内部空间为设计对象，即对建筑所提供的内部空间进行处理，在现有的基础上进一步调整空间的尺度与比例，解决空间与空间之间的衔接、对比、统一等问题，从而创造一个舒适的活动环境。这些概念和方法除了能从设计师提供的图样上显示外，作为装修的当事人，客户也应当对此有所了解，具有自己的主见才不会被人牵着鼻子走。

对于大多数即将装修的消费者而言，建立良好的空间层次与序列，保持空间层次的多样化，与经济实惠的装饰手法并不矛盾。合理改造空间的形态，在一定程度上还是省钱、高效的法宝。

五、居住行为特征

家庭是社会构成的基础细胞。随着我国社会主义市场经济的发展，子女培养成本的提高，家庭人员结构也发生了明显变化。我国城市中三口之家的比重近70％。大户型减少，小户型增加。同时，家庭成员的减少也带来了人均住房面积增大的现象。

家庭生活活动主要表现为休息、起居、饮食、家务、卫生、学习、工作等方面，而各种活动在家庭生活中所占用的时间、能耗各不相同。例如，在一天的家庭活动中，通常，休息所占的时间最长，约60％；起居较次，约30％；家务等活动时间最少，约10％。然而，根据不同的家庭情况，家庭成员在各项活动中所花费的时间也有较大差异，如一般人每天花1个多小时做家务活动，而家庭主妇则可能要花5个小时等。

　　根据综合分析，室内空间特征根据静与动、私密与公用、清洁与杂污可分为三类，尤其是将"静"的"私"用空间与"动"的"公"用空间进行分类和组织。这样一来，一方面可以使卧室、书房等室内空间显得更为单纯、专用、私密，因而设置在居室空间的内侧；另一方面可将使用频率较高的客厅、餐厅、走道设置在居室空间靠大门的一侧。一天中所占时间最长的休息活动居于相对安全的内部空间，而外部可满足家庭聚会、餐饮等行为（图1-5）。

图1-5　静与动的空间特征

　　每个家庭的生活背景、职业、社会地位都不相同，在室内居室行为特征上也不会表现一致，因而，应根据家庭成员的特异性来设定居室空间的划分。

六、居室空间感的营造方法

　　基本的建筑结构不能够满足不同家庭对空间的使用要求。为了重新营造适宜的起居环境，需要对居室空间重新进行调节。这种调节一般分为实质性和非实质性两种方式。

（一）实质性调节方式

　　室内起居空间主要是由建筑结构、家具和设备围合产生。这种围合称为实质性空间分隔。

　　建筑结构是指围合和支撑建筑的外墙、梁柱、门窗等。这些构造的应用材料一般坚韧有力，对居室空间起到了安全、保护作用。例如，外墙和梁柱的围合使室内形成矩形等较规整的形态，有利于合理的起居活动；家具属于室内空间的后期配置，由于体量较大，也能够起到居室空间的分隔作用；设备主要指卫生间、厨房的采暖、通风、空调等，其使用性能、使用方法都影响到室内空间内部的分隔要素，如厨房和卫生间的设备使用水气、油气、噪声较大，在墙体分隔时要考虑保留实体砖墙，不能将其轻易拆除。

　　实质性调节的主要方法为：

　　1. 隔断　隔断是通过各种形式的实体构件，按消费者理想的空间要求将不适宜的空间分隔为适宜合理的状态，使之满足生活起居的需要。例如较为狭长的卧

图1-6　改变界面形态

室可通过各种样式的隔断加以处理，在狭长的墙面添加墙体或家具，使其由单一空间变为多功能空间，同时在视觉、心理上也给人私密性、安全性的变化。

　　2. 改变界面形态　改变界面形态是通过改变墙面、地面和顶面，重新组合它们的关系，从而达到最佳的空间形态，或者说是对居室空间的再造型，只要注入空间调节的内容，使界面产生变化，就可使其形成舒适的空间（图1-6）。

　　3. 构件调节　构件调节是利用依附在建筑实体上的固定件，对空间加以控制，从而起到

扩充、缩小等调节作用。例如原本是僵硬的方形楼梯间，将楼梯拆除，重新建造为弧型旋转楼梯，从而在视觉效果和起居形态上发生很大变化。

（二）非实质性调节方式

非实质性调节是通过非结构性的附加装饰手法对居室空间进行视觉、心理上的调节，虽然并不改变实际的空间形态，但作用不亚于对空间进行实质性调节。这种方法是延续建筑设计的第二次空间创造。

非实质性调节的主要方法为：

图1-7 装饰材料调节

1. 界面装饰纹理调节 界面装饰纹理调节是在墙面上有意识地采用一些水平或垂直的花纹墙纸装贴，使人感觉到空间有延伸或缩短的变化。例如水平方向的线条可使空间感持续延伸，长宽加大；垂直方向的线条可使居室层高较低的空间变得比较开阔；在较窄的房间内铺上小尺寸的地砖、地板，可使房间在视觉上显得较为宽敞等。

2. 色彩调节 色彩调节是利用色彩要素和原理对空间的距离效应进行调节，主要包括对色彩明度、纯度、色相的调节。例如居室空间顶面色彩较深可使人感到空间降低，而墙面上使用浅色涂料则可使居室空间开阔。这种调节方法是根据人们对色彩的普遍感受心理而设定的。

3. 装饰材料调节 装饰材料调节是利用不同材质的组合对不同的居室环境气氛具有的特定作用。例如粗糙质感的材质会使人感到空间靠拢缩小；光洁明亮的材质会从视觉上达到扩充的效果（图1-7）。

4. 装饰物件调节 装饰物件调节是利用装饰挂画、工艺品等物件对室内空间的层次感进行调节，如在狭长走道尽端的短小墙面上挂饰木雕等工艺品，会缩短走道视觉长度等。

非实质性空间调节对于大多数居室户型而言，只适用于局部或单一房间的某一面墙，局部运用会起到画龙点睛的作用。反之，会造成画蛇添足的不利影响。

第二章 风格设计

一、现代风格

现代风格起源于1919年成立的包豪斯学校。该学派处于当时的历史背景，强调突破旧传统，创造新建筑，重视功能和空间组织，注意发挥结构构成本身的形式美，造型简洁，反对多余装饰，崇尚合理的构成工艺，尊重材料的性能，讲究材料自身的质地和色彩的配置效果，发展了非传统的以功能布局为依据的不对称的构图手法（图2-1）。包豪斯学派重视实际的工艺制作操作，强调设计与工业生产的联系。

图2-1 现代风格

二、简约风格

简约风格起源于现代派的极简主义，也有人说它起源于现代派大师——德国包豪斯学校的第三任校长密斯·凡德罗。他提倡"LESS IS MORE"，在满足功能的基础上做到最大程度的简洁。这符合了第二次世界大战后各国经济萧条的现实，因此，得到人们的一致推崇。

由此可以看出，简约就是简单而有品位。这种品位体现在设计上对细节的把握，这要求每一个细小的局部和装饰都要深思熟虑，在施工上更要精工细作，是一种不容易达到的效果。

现代简约风格运用新材料、新技术建造适应现代生活的室内环境，以简洁明快为主要特点，重视室内空间的使用效能，强调室内布置按功能区分的原则进行家具布置，并与空间密切配合（图2-2）。

图2-2 简约风格

三、田园风格

图2-3 田园风格

田园风格倡导"回归自然"，美学上推崇自然、结合自然，才能在当今高科技、高节奏的社会生活中，使人们取得生理和心理的平衡，因此室内多用木料、织物、石材等天然材料，显示材料的纹理，风格清新淡雅。

田园风格家居装修的九大必要元素：

1. 旧的仿古砖 旧的仿古砖是天然石材的现代仿品，表面质感粗糙，不光亮，不耀眼，朴实无华。施工时要留缝隙，特意显示出接缝处的泥土，让人感受到岁月的痕迹（图2-3）。

2. 天然板岩 天然板岩由天然石材粗加工而成，并加以斧劈刀凿。它的自然古朴是设计师眼中的最爱，壁炉、踢脚板，哪一样都少不了它。

3. 铁艺 铁艺是田园风格材料的精灵，或为花朵，或为枝蔓，或灵动，或纠缠。用上等铁艺制作而成的铁架床、铁艺与木制品结合而成的各式家具，让乡村的风情更质朴。

4. 百叶门窗 百叶门窗一般可做成白色或原木色拱形。除了普通门的功用，百叶门还可以作为隔断使用。

5. 墙纸 砖纹、碎花、藤蔓，有着千变万化图案、以假乱真的墙纸，给苍白的墙面带来了无穷的生命力。贴有花朵图案的墙壁，成为田园牧歌的背景（图2-4）。

图2-4 田园牧歌的背景

6. 彩绘 彩绘是在家具或墙壁上手工描绘山水、仕女、花草、抽象文字符号等图案，加之粉饰做旧漆或开裂漆，营造出整体家居的古典浪漫或乡村民俗风格。

7. 花色布艺 棉、麻布艺制品的天然质感恰好与乡村风格不事雕琢的追求相契合，而花鸟虫鱼等图案的布艺则更体现出田园特色。材质上，本色的棉麻是主流；花色上，单色不再流行，各种繁复的花卉植物、鲜活的小动物和明艳的异域风情图案更受欢迎。

8. 藤草织物 气质天然、柔软、坚韧的藤制桌椅、储物柜等简单实用的家具，展现了最本质的女性气质，让田园风情扑面而来（图2-5）。

9. 芳香花卉 较男性风格的植物不太适合田园风情，因而，最好选择满天星、熏衣草、玫瑰等有芬芳香味的植物装点氛围。同时，将

图2-5 田园风情

一些干燥的花瓣和香料穿插在透明玻璃瓶，甚至古朴的陶罐里，还可在窗外沿墙种植一些爬藤类植物，则更增添田园风味。

四、前卫风格

比简约更加凸显自我、张扬个性的现代前卫风格已经成为艺术人类在家居设计中的首选（图2-6）。现代前卫风格在设计中尽量使用新型材料和工艺做法，追求个性的室内空间形式和结构特点。色彩运用大胆豪放，追求强烈的反差效果，或浓重艳丽或黑白对比；强调塑造奇特的灯光效果。平面构图自由度大，常常采用夸张、变形、断裂、折射、扭曲等手法，打破横平竖直的室内

图2-6 前卫风格

空间造型；运用抽象的图案及波形曲线、曲面和直线、平面的组合，取得独特效果；陈设与安放造型奇特的家具和室内现代化设备，保证在使用舒适的基础上体现个性。

五、装修风格品鉴

(一)现代风格

现代风格的居室重视个性和创造性的表现，即不主张追求高档豪华，而着力表现区别于其他住宅的东西。空间多功能是现代室内设计的重要特征。与主人兴趣爱好相关联的功能空间包括家庭视听中心、迷你酒吧、健身角、家庭计算机工作室等（图2-7）。

图2-7　现代风格的客厅功能设计

现代风格的居室空间布局既松散又紧凑，而在具体的界面形式上，有时又接近于新古典主义。现代风格的居室设计中，注重流畅的直线设计；材质本身的质地、性能和色彩都发挥得淋漓尽致；在尊重实用功能的同时，配以沉稳的金属家具，使得室内空间散发着现代的气息；而厚重的色彩搭配，将现代风格设计进一步升华；大面积玻璃材质的运用，既增加了室内空间的亮度，又拓宽了室内空间的纵深（图2-8）。

图2-8　现代风格的空间布局

如图2-9所示，现代风格的厨房设计要求富有生活气息，时尚且个性突出，空间方便实用，突现出浓郁的时代气息。如图2-10所示，在现代风格的居室装修中，复合地板应该是首选。因为复合地板大多有着相对丰富的色彩和图案可供搭配选择，比较符合现代风格的要求。如图2-11所示，白色沙发搭配橘黄色墙面，带来甜美雅致的感觉，沙发上零散摆放的同样风格的靠枕，营造出舒适的空间。

图2-9　现代风格的厨房设计　　图2-10　现代风格的地板设计　　图2-11　现代风格的客厅设计

（二）简约风格

简约不等于简单，它是一种生活态度。在现代生活中，人们承受过太多的压力，开始渴望拥有自由的感觉、优雅的姿态和不凡的品位，需要让浮躁的心境趋向平和。于是，人们开始呼唤简约。简约是一种生活态度，一种在喧嚣都市里让生活空间更加自然、纯净、简洁、清新并且宁静的态度。简约是一种较高层次的生活品质，而不是简朴、吝啬、敷衍等对生活质量缺乏重视的生活态度（图2-12）。

图2-12　简约风格的卧室设计

如图2-13所示，这间浴室采用了简约的设计手法，装饰材料和配置都没有多余的线条和雕琢。富有张力的造型，将烦闷、急躁的都市生活调理得平和自然，让生活变得更为纯粹。如图2-14所示，简约风格通常采用黑、白、棕、米等色系。在这个流行趋势下，采用纯净的素色，在单纯的氛围里捕捉光影的自然变换。如图2-15所示，利用现有空间制造"灰度投影"，改变已有的光影方位，使略带灰度的色彩柔和、自然，给置身其中的人温和的宁静感。

图2-13　简约风格的浴室设计

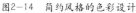

图2-14　简约风格的色彩设计　　　　　图2-15　简约风格的空间布局

在处理空间方面，简约风格强调室内空间宽敞、内外通透，在浴室设计中追求不受承重墙限制的自由。墙面、地面、顶棚以及家具陈设，乃至灯具器皿等，均以简洁的造型、纯净的质地、精细的工艺为特征，并且尽可能不用装饰，取消多余的东西，让形式应更多地服务于功能。

（三）田园风格

田园风格在室内环境中力求表现悠闲、舒畅、自然的田园生活情趣，常运用天然木、石、藤、竹等材质质朴的纹理，巧于设置室内绿化，创造自然、简朴、高雅的氛围。开放式的空间结构、雕刻精细的欧式家具、各种花色的优雅布艺，所有的一切从整体上营造出田园之气（图2—16）。

图2—16　田园风格的家居设计

如图2—17所示，英式田园家具多以奶白、象牙白等白色为主，高档的桦木、楸木等做框架，配以高档的环保中纤板做内板，以及优雅的造型、细致的线条和高档油漆处理。如图2—18所示，带有植物纹理的布艺装饰，略带古典的田园风格。如图2—19所示，大量使用碎花图案的各种布艺和挂饰，与欧式家具华丽的轮廓和精美的吊灯相得益彰。墙壁上也并不空寂，壁画装饰使它增色不少。

图2—17　田园风格的餐厅设计　　　　图2—18　田园风格的布艺装饰

图2—19　田园风格的卧室设计

大面积的天然材料合理堆砌，使人仿佛置身于自然之中，置身于自然风情朴素、宁静、质朴的田园风格。流露出的自然清新的气息，能使人感到轻松愉快，让人充分感受着饱满的温情和质朴的暖意，让心境更加开阔、明朗（图2—20）。

图2-20 田园风格的清新设计

（四）前卫风格

前卫风格在家居设计中，将多种元素混合运用，重点在于突出材质本身的设计语言，从另一个角度演绎前卫风格，凸显自我，即我喜欢，我快乐。现代前卫风格的设计理念强调建筑的复杂性和矛盾性，反对简单化、模式化，讲求文脉，追求人情味，以隐喻与象征的手法加上大胆地运用装饰和色彩，使房间前卫时尚。时下，那些追求个性的小资们，往往将目光锁定在金属家具上，他们认为金属家具形态独特，风格前卫，能够展现极强的个性化风采（图2-21）。

图2-21 前卫风格的客厅设计

现代前卫风格是对审美单一、居住理念单一、生活方式单一最有力的抨击，追求释放个性，体现独特品位的空间，而不是盲目地追赶潮流。家居风格前卫而不张扬，要有现代感和时尚感，并蕴含文化元素（图2-22）。

图2-22 前卫风格的卧室设计

第三章 色彩设计

一、色彩的基本原理

(一)色彩科学的定义

在人类的古代遗迹中,很早就有对色彩的应用,但色彩的科学,直到牛顿发现太阳光通过三棱镜而有七色光谱后,才迈入新纪元。在16~17世纪之间,有很多关于光的反射、屈折的研究,先有德国物理学家奥斯特瓦尔德(Ostwald)色彩论的发表,至20世纪续有美国蒙赛尔(Munsell)的出现,从而使色彩的研究定下基础。

在生活的周围,自然界的动植物等均有各种颜色的存在。那什么是色呢?简单地说,就是当光线照射到物体后使视觉神经产生感受,而有色的存在。

(二)色的构成要素

色的构成要素包括被观察的物质、光的存在、观测者的感受。因此要进一步认识色的构成要素,要从物体与色、光源与色的关系着手。

1. 物体与色 当光投射在物体上时,依物体的种类、构造,而将可视光线中的一部分或全部通过反射、吸收、透过等现象而展现出物体的颜色。物体的颜色受反射、吸收、透过三基因所左右,如太阳光的照射起全反射(乱反射)则呈白色,光线的全部吸收则呈黑色,光线的全部通过则呈透明色。其说明:

(1)反射(Reflection) 光照射在物体之表面,部分光产生反射,反射角与入射角于同一视面称之为反射,视觉之感受产生质地感,全部光之反射,有可能为不透明感或镜面感。

(2)吸收(Absorption) 若光线部分透过且部分被吸收,丧失某些可视光谱的光,则该物体将呈现颜色而呈半透明感,若光线全部吸收,则呈黑色且不透明。

(3)透射(transmission) 当光线照射到物体上,除了极少量之反射光,几乎所有的光都能透视的物体则为无色透明体。

(4)散射(Scatting Diffusing) 当光线照射在含颗粒的纤维或表面粗糙的物体时,光线的反射角将产生角度上的变化,称之为散射。

2. 光源与色 色的存在中,光的照射扮演着重要的角色。人类在初期的演进史上,一直习惯于太阳光下色的感觉,而今仍以太阳光为准,但是在夜间有了人工光源(如电灯、荧光灯、水银灯、钠灯、油灯、煤气灯等)。人工光源由于分光特性的不同,而呈现不相同的颜色,导致同一物体在不同光源下,色相有所差异,此差异性质谓之演色性(Colour Rendering)。

(三)三原色

如果将色彩加以分类的话,那么色彩大致上就可以分为无彩色与有彩色两大系列。黑、白、灰为无彩色,除此之外的任何色彩都为有彩色。其中红、黄、蓝是最基本的颜色,被称为三原色。三原色是相互独立的,任何一种原色都不能由其他色彩合成,是其他色彩所调配不出来的,而其他色彩则可由三原色按一定比例调配出来。

(四)混色理论

色彩的混合分为加法混合和减法混合,色彩还可以在进入视觉之后才发生混合,称为中性混合。

1. 加法混合 加法混合是指色光的混合，两种以上的光混合在一起，光亮度会提高，混合色的光的总亮度等于相混各色光亮度之和。色光混合中，三原色是朱红、翠绿、蓝紫。这三色光是不能用其他别的色光相混而产生的。而：

朱红光＋翠绿光＝黄色光

翠绿光＋蓝紫光＝蓝色光

蓝紫光＋朱红光＝紫红色光

黄色光、蓝色光、紫色光为间色光。

如果只通过两种色光混合就能产生白色光，那么这两种光就是互补色。例如：朱红色光与蓝色光；翠绿色光与紫色光；蓝紫色光与黄色光。

2. 减法混合 减法混合主要是指的色料的混合。白色光线透过有色滤光片之后，一部分光线被反射而吸收其余的光线，减少掉一部分辐射功率，最后透过的光是二次减光的结果，这样的色彩混合称为减法混合。一般说来，透明性强的染料，混合后具有明显的减光作用。

减法混合的三原色是加法混合的三原色的补色，即：翠绿的补色红（品红）、蓝紫的补色黄（淡黄）、朱红的补色蓝（天蓝）。用两种原色相混，产生的颜色为间色：

红色＋蓝色＝紫色

黄色＋红色＝橙色

黄色＋蓝色＝绿色

如果两种颜色能产生灰色或黑色，这两种色就是互补色。三原色按一定的比例相混，所得的色可以是黑色或黑灰色。在减法混合中，混合的色越多，明度越低，纯度也会有所下降。

3. 中性混合 中性混合是基于人的视觉生理特征所产生的视觉色彩混合，而并不变化色光或发光材料本身，混色效果的亮度既不增加也不减低，所以称为中性混合。

中性混合有两种视觉混合方式：

（1）颜色旋转混合 该方式是把两种或多种色并置于一个圆盘上，通过动力令其快速旋转而看到新的色彩。颜色旋转混合效果在色相方面与加法混合的规律相似，但在明度上却是相混各色的平均值。

（2）空间混合 该方式是将不同的颜色并置在一起，当它们在视网膜上的投影小到一定程度时，这些不同的颜色刺激就会同时作用到视网膜上非常邻近的部位的感光细胞，以致眼睛很难将它们独立地分辨出来，就会在视觉中产生色彩的混合，这种混合称为空间混合。

（五）色彩的基本要素

有彩色系列的色彩具有三个基本要素，即色相、明度、纯度。蒙赛尔色立体及其他色立体均是由色彩三要素构成的，色彩的三要素是色彩的基本语言，认识与了解色彩三要素，对认识和运用色彩美是极为重要的。

1. 色相 色相又称为色彩的相貌，如红色之所以区别于黄色、区别于蓝色，是因为它的相貌是红色，红是红色所具备的基本属性。

2. 明度 明度又称为色彩的明暗度，也称亮度、深浅度等。明度最高为黄色，最低为紫色，红、绿色均属中间明度等。例如阳光比较刺眼，那是因为阳光的明度高；相反，月光的明度低，显得暗淡一些。同时明度与配色的基本规律是：任何颜色如果加白，其明度就越亮；如果加黑，其明度就越暗。

3. 纯度 纯度就是色彩的鲜艳度，也叫彩度、饱和度。鲜艳的色彩称为高纯度；混浊的色彩称为低纯度；无色彩的黑、白、灰，其纯度为零。比如晴朗天空的蓝色比湖水的蓝色要鲜艳，则可认为天空的蓝色纯度高，而湖水的蓝色纯度低。在色环上，纯度最高的是三原色（红、黄、蓝），其次是三间色（橙、绿、紫），再次为复色。而在同一色相中，纯度最高的是该色的纯色，而随着渐次加入无彩色，其纯度则逐渐降低。

（六）色彩的基本概念

1. 混合色　两种或两种以上的颜色相互混合，混合后构成的新的颜色叫作混合色。色光（光源色）混合为加光混合，色彩越加越亮；广告色混合为减光混合，色彩越加越暗。

2. 间色　间色就是三原色中任意两色相混合得到的第二次色，即橙、绿、紫色。

3. 复色　复色就是间色与原色相混，或间色与间色相混合得到的第三次色，其中也包括一种原色与黑色或灰色相调和所得到的带有色相的灰色。

4. 广告色　广告色的三原色是红、黄、蓝。二原色之间相混得出间色为橙、绿、紫，间色之间或间色与原色再次混合得出的是复色，如红橙、黄橙、黄绿、青绿、青紫、红紫等。如果再将原色、间色和复色相互混合，则可以调配出无数种色彩。

5. 色系　根据人们的心理和视觉判断，色彩有冷暖之分，可分为三个类别，即暖色系（红、橙、黄等），冷色系（蓝、绿、蓝紫等）和中性色系（绿、紫、赤紫、黄绿等）。

二、色彩的地域文化

不同地域的人对色彩的认识不同。赤色与黄色在中华民族传统的色彩语言中，是幸福、庄严、神圣的代名词。结婚、新年庆典等喜事活动都离不开它。而一些国家的人习惯于这样来理解色彩：金色、黄色表示名誉和忠诚；银色或白色表示信任和纯真；绿色表示青春与希望；青色表示尊敬和诚实；橙色表示努力与忍耐；红色表示勇敢与热心；黑色则表示悲哀与后悔。

宗教活动在全世界，无论是过去还是现在，都是一股很大的力量。它们的各种戒律或信仰几乎就像圣旨，色彩也就成为感情圣书。世界各地由宗教而来的色彩象征都具有权威性，如佛教的金色（西天超脱之色）、基督教的赤色（是圣灵降临节的色彩，圣血的象征）、伊斯兰教的绿色（永恒的乐园）。

在对世界各国的国旗颜色进行分析时发现，43%的国家选用了绿色，以它来象征蓬勃向上的无限生命力，象征着满怀信心，象征着绿色的良田和草原以及茂密的森林。伊斯兰国家把绿色作为吉祥的色彩，这可能与那些国家大多地处茫茫沙漠，多旱少雨，所以渴望绿洲有关。其中40%的国家选用了黄色，以这种颜色来象征显赫的权利，象征辉煌光明与胜利，象征丰富的资源。有些岛屿国家选用黄色，与茫茫的大海成鲜明的对比，充分体现岛国的特点。

由风俗习惯形成的色彩概念是比较牢固的，有些是历史上约定成俗的，还有些是统治阶层硬性规定的，原因也是相当复杂的。中国历史上的秦朝统治时期，崇尚黑色。但到了汉文帝时代，黄色取代了黑色的地位，一直到明清时期，黄色被统治阶层使用了近几千年，成为最高权力的象征。唐朝以前民间的建筑，普遍以黑瓦、白墙为主。唐朝以后的传统建筑，多采用绿色的琉璃瓦、大面积的橙黄色或砖红色的墙面、朱红色的油漆柱、青石板的台阶、汉白玉的浮雕、蓝色或纯青绿色为主色调的彩绘廊檐等表现方式。其色彩之间既相互呼应又各具特色，极为精致典雅，富有典型的民族色彩，洋溢着十足的东方色彩气息，突出了那个时代的审美特点。就中国的民族建筑色彩而言，中华民族最喜爱的是热烈的、富丽的、庄严的色彩。

三、色彩的物理特征

色彩是由光的作用而显示出来的。阳光具有一定的热能，不同的色彩对阳光辐射的反射吸收各不相同，对热量的吸收也不同，浅色反射强，热量吸收少；深色反射弱，热量吸收多。所以在选择夏季室内的窗帘时，仅考虑布料的厚薄是不够的，还应该选用一些浅色窗帘，来减少对热量的吸收。

色彩对光的反射作用也不同，可以利用色彩来调节室内的亮度，如室内采光较差，室内色彩宜用浅色，以提高反射系数，使室内明亮起来（图3-1）。光源对色彩的影响也比较大，特别是采用人造光源，白炽灯光源暖黄色，荧光灯光源冷蓝色，在这样的光线下，各种色彩也随之起一定的变化，如食品店的食品在暖光下显得更加鲜艳，诱发食欲；游泳馆在冷光下会使人感觉更加清爽。

1．温度感 在色彩学中，把不同色相的色彩分为热色、冷色和温色。从红紫、红、橙、黄到黄绿色称为热色，以橙色最热；从青紫、青至青绿色称为冷色，以青色为最冷；紫色是红与青色混合而成，绿色是黄与青混合而成，因此是温色。这和人类长期的感觉经验是一致的，如红色、黄色，让人联想到太阳、火、炼钢炉等，从而感觉热；而青色、绿色，让人联想到江河湖海、绿色的田野、森林，从而感觉凉爽。

2．距离感 色彩可以使人感到进退、凹凸、远近的不同，一般暖色系和明度高的色彩具有前进、凸出、接近的效果，而冷色系和明度较低的色彩则具有后退、凹进、远离的效果。室内设计中常利用色彩的这些特点去改变空间的大小和高低。例如居室空间过高时，可用前进色，减弱空旷感，提高亲切感（图3-2）；墙面过大时，宜采用收缩色。柱子过细时，宜用浅色；柱子过粗时，宜用深色。

3．重量感 色彩的重量感主要取决于明度和纯度，明度和纯度高的显得轻，如桃红、浅黄色。在室内设计的构图中常以此达到平衡和稳定的需要，以及表现性格的需要，如轻飘、庄重等。

图3-1 色彩对光的反射作用

图3-2 色彩的距离感

4．尺度感 色彩对物体大小的作用，包括色相和明度两个因素。暖色和明度高的色彩具有扩散作用，因此物体显得大；而冷色和暗色则具有内聚作用，因此物体显得小。不同的明度和冷暖有时也通过对比作用显示出来。室内不同家具、物体的大小和整个室内空间的色彩处理有密切的关系，可以利用色彩来改变物体的尺度、体积和空间感，使室内各部分之间关系更为协调（图3-3）。

四、色彩的生理与心理特征

（一）色彩的生理特性

色彩通过人的视觉神经传入大脑，对人的血压、脉搏、心率等产生影响。一般情况下，卧室、会议室采用清淡的色彩，而不采用红色等鲜艳的色彩，因为红色对人的神经系统有着强烈的刺激，使脉搏加速跳动，导致血液循环加速，使人焦躁不安，无法沉稳下来入睡或工作。

图3-3　色彩的尺度感

（二）色彩的心理特性

色彩的心理特性包括物质性心理效果和精神性心理效果两方面。色彩对人的心理产生的影响广泛而强烈，人生存在五彩缤纷的空间里，积累了许多色彩知识和经验，当某一色彩刺激人的视觉神经，使人的大脑产生联想，会出现某种错觉或主观感觉。

1. 色彩物质性心理效果　色彩物质性心理效果是指色彩对人的心理产生冷与暖、轻与重、进与退、膨胀与收缩等感受，这种感受的形成是人的视觉经验与心理联想的结果，是非客观真实的一种错觉。例如人们在冷色与暖色的两种室内的温度感相差3～4℃，在居室设计时，对阴面的房间色彩应选择暖色调，增加温暖的感觉，而阳面的房间选择中性或偏冷色调，使阳面房间温度不会觉得过热。又如人们对明度高的色彩产生轻的感觉，对明度低的色彩产生重的感觉，在室内设计中顶棚的色彩，除特殊效果外，一般采用浅色，否则会产生沉重压抑的感觉。针对色彩的进退、膨胀与收缩等感受，可以利用室内墙壁或家具的色彩调节室内空间形象（图3-4）。

图3-4　物质性心理效果

2. 色彩精神性心理效果　色彩不但能够表达人类的内心情感，还能进一步表达人的观念和信仰。由于人的性别、年龄、职业、受教育程度等存在着差别，对色彩的喜爱与理解也不同，色彩不但使人产生具象联想，还能产生抽象联想。我国封建社会时期，色彩成为"明贵贱，辨等级"的工具，黄色已成为封建帝王的代表色，象征着高贵与特权。现在又赋予了色彩新的内涵：红色具有革命、热情等意义，绿色象征着生命、和平等。纪念馆、纪念堂等主题性的室内设计，更注重色彩的象征性以及对人的精神产生的作用。

看到红色，会联想到太阳——万物生命之源，从而感到崇敬、伟大，也可以联想到血，感到不安、野蛮等；看到黄绿色，会联想到植物发芽生长，感觉到春天的来临，于是它代表了青春、活力、希望、发展、和平等；看到黄色，似乎阳光普照大地，会感到明朗、活跃、兴奋。色彩的心理特征分析见表3-1。

表3-1 色彩的心理特征分析

颜色	特征		
	具体联想	抽象联想	心理特征
红	火、血、太阳	热情、活力、危险	热情、活泼、引人注目、热闹、艳丽、令人疲劳、革命、公证、喜气洋洋、幸福、吉祥、恐怖
橙	灯光、柑橘、秋叶	温暖、欢喜、嫉妒	火焰、光明、温暖、华丽、甜蜜、喜欢、兴奋、冲动、力量、充沛、暴躁、嫉妒、疑惑、悲伤
黄	光、柠檬、迎春花	光明希望、快活平凡	明朗、快活、自信、希望、高贵、贵重、进取向上、德高望重、富于心计、警惕、注意、猜疑
绿	草地、禾苗、树叶	和平、安全、生长、新鲜	幼芽、新鲜、春天、平静、安逸、安全、生命、和平、可靠、信任、公平、理智、理想、纯朴、平凡、森林、深谷、凉爽、幽静
蓝	大海、天空、水	平静、悠久、理智、深远	天空、水面、太空、寒冷、遥远、无限、永恒、透明、沉着、理智、高深、冷酷、沉思、简朴、忧郁、无聊
紫	丁香花、葡萄、茄子	幽雅、高贵、庄重、神秘	朝霞、紫云、舞厅、优美、优雅、高贵、娇媚、温柔、昂贵、自傲、美梦、虚幻、魅力、虔诚、幽灵、浪漫
黑	夜、墨、炭、煤	严肃、刚健、恐怖、死亡	黑夜、丧服、葬仪、黑暗、罪恶、坚硬、沉默、绝望、悲哀、严肃、死亡、恐怖、刚正、铁面无私、忠毅、粗芥
白	白云、白雪、白糖、面粉	纯洁、神圣、清净、光明	洁白、明快、清白、纯粹、真理、朴素、神圣、光明、失败
灰	乌云、草木灰、树皮	平凡、失意、谦逊	阴天、灰尘、阴影、烟幕、乌云、浓雾、灰心、平凡、无聊、消极、谦虚、暧昧、无主见、死气沉沉

五、色彩的对比与感觉

(一)色彩的对比

色彩的对比，是诸多色彩间存在的矛盾统一体。各种色彩在构图中的面积、形状、位置以及色相、纯度、明度和心理刺激的差别，构成了色彩之间的对比。色彩对比主要包括以下几项：

1. 色相对比 色相对比是指由各色相的差别而形成的对比。

2. 明度对比 明度对比是指色彩明暗程度的对比，也称为色彩的黑白度对比。

3. 纯度对比 纯度对比是指较鲜艳色彩与含有各种比例的黑、白、灰的色彩对比。

4. 面积对比 面积对比是指各种色彩在构图中所占据分量的比例关系，即数量上的多与少、大与小的比例对比。

5. 冷暖对比 色彩的冷暖主要是人们对色彩的一种心理反应（图3-5）。

6. 同时对比 同时对比指当两种不同色彩相遇时，便互相发生干涉作用，或多或少改变了其原有色彩属性。

7. 虚实对比 色彩的虚实对比主要体现在空间的对比。

图3-5 冷暖对比

（二）色彩的感觉

由于眼睛感觉的关系，不同明度和纯度的色彩，常给人以不同的感觉。设计师常利用这种微妙的色彩特性来增强设计的效果。

1. 前进色和后退色　色彩的明度和纯度越高，色相便越鲜明。例如红、黄、橙等暖色，因为是鲜明色彩，所以有一种膨胀和迫近的感觉，被称为前进色。色彩的明度和纯度越低，色相便越晦暗。例如青、蓝、紫等冷色，便有一种收缩和远离的感觉，被称为后退色。但绿色处在中间状态，不是前进色，也不是后退色。

2. 色彩的面积　不同明度和纯度的色彩会产生面积不同的感觉。明亮的色彩比晦暗的色彩有面积更大的感觉；暖色比冷色有面积更大的感觉。

3. 色彩的质感　在视觉上色彩有柔软和坚硬的区别。浅淡色彩有柔而滑的感觉，而晦暗色有坚实的感觉。

4. 色彩的重量　明亮的色彩如黄、橙等色有轻快活泼的感觉；晦暗的色彩如蓝、紫等色则有沉重的感觉。

5. 色彩的节奏感　鲜明的色彩表示高音调；而晦暗的色彩则表示低音调。

6. 色彩的明快与忧郁感　明度高而鲜艳的色彩具有明快的感觉，而晦暗的色彩则具有忧郁的感觉（图3-6）。

7. 色彩的华丽与朴素感　鲜艳明亮的色彩具有华丽的感觉；晦暗色彩则具有朴素的感觉。

8. 色彩的形状感　色彩有不同的形状感觉。红色代表正方形，有坚实、耐久、干燥、不透明的感觉；橙色代表长方形，有温暖、干燥和迫视的感觉；黄色代表三角形，有阳光、尖锐和成角状的感觉；绿色代表六角形，虽有角度，又似圆形，有清凉、新鲜的感觉；青色代表圆形或球形，有冷酷、湿润、透明的感觉；紫色代表椭圆形，永不成棱角，有柔和、愉快和神秘的感觉。

图3-6　晦暗的色彩

六、色彩的构图原则与色调的应用

（一）色彩的构图原则

1. 色彩的均衡　色彩的均衡要考虑各种色块的分量将会在人们视觉中的垂直轴线两边起作用。

2. 色彩的呼应　任何色块布局时都不应孤立出现，它需要用同种或同类色块在上下、前后、左右诸方面彼此互相呼应，即注意局部和整体之间的关系。

3. 色彩的主从　各色彩配合应根据设计构思的需要，分出宾主。

4. 色彩的层次　应注意色彩的前进感和后退感之间的关系。

5. 色彩的点缀　色彩的点缀是面积对比的一种形式。点缀色在色彩构图中能起到画龙点睛的作用。

6. 色彩的衬托　色彩的衬托依赖于面积之间的对比，没有面积之间的对比，就谈不上衬托。其主要表现形式有：明暗衬托、冷暖衬托、灰艳衬托、繁简衬托。

7. 色彩的渐变　色彩的渐变包括明暗渐变、色相渐变、纯度渐变、冷暖渐变。

图3-7 黄色调

（二）色调的应用

1. 黄色调 以黄色为基调的室内色彩给人以特别醒目、活泼之感。在黑色与对比色的衬托下，黄色的力量会无限扩大，使室内空间充满着生命的希望（图3-7）。

2. 橙色调 以橙色系为基调的色彩是最暖的色彩。它让人联想到温暖的阳光、金色的秋天、丰硕的果实，因而产生一种富足、快乐而幸福的感觉。我国一直被用作美的颜色，以及地位的象征。尽管现代人的色彩运用更趋于多元化，但相对而言，橙色系及以暖色为主的各种色彩在室内环境中运用较多，因为它们更易创造温馨亲切的感觉。

古代的色彩文化中，红橙即为朱色，

3. 红色调 红色是生命的象征。鲜艳的红色强烈、热情，让人感到充满活力。中国传统中更将红色作为吉利、喜庆、繁华的象征。粉红色柔和而浪漫，深红色豪华而稳重。红色调在室内设计中的运用给人以甜蜜、温柔之感，能产生独特的情感。但红色在不同环境、不同对象的使用中有很大差别，如稳重的红色常运用于宾馆、公司的接待室等；淡淡的粉红色更适用于年轻女士

图3-8 红色调

光顾的室内；家居环境中使用太多艳丽豪华的红色，会使家庭无法发挥其舒适、放松的功能。只有合理运用，才能更好地发挥红色的效果（图3-8）。

图3-9 绿色调

4. 绿色调 绿色是生命的象征。它意味着清新、自然、舒服、轻松与优雅。鲜艳的绿色美丽纯朴，无论蓝色或黄色的渗入，都使人有返回自然、返回绿色原野的感觉。尤其是住在水泥森林的都市人，更向往大自然无私奉献的绿色环境。室内运用绿色调，其活泼的色调、明快的感觉、充满生气的颜色组合，都使人心情舒畅。黄绿色单纯、年轻；蓝绿色清秀、豁达；即使含灰的绿色，也使室内沉浸在宁静与平和的乡土风味中（图3-9）。

5. 蓝色调 蓝色是深邃安静之色。蔚蓝色的天空与大海，以其辽阔的景色令人赞叹，令人体会永恒。蓝色在色彩喜好的调查中经常名列第一。因为蓝色充满在生活的四周，充满在生命得以生存滋长的环境中，它如此静谧又安详，自古以来陪伴着人类。它不像红色那样热烈，不像黄色那样耀眼，虽是含蓄的配角，却不能没有蓝

色。它意味着清爽、舒服、高雅、端庄与理智。尽管蓝色偏冷，有时令人联想到忧郁、悲哀等，那也是被混浊的蓝色。在室内环境的设计中，蓝色经常被运用，它不仅使生活充满情趣，更赋予了象征的意义。

6. 紫色调 紫色是高贵的颜色。中国古代文化中，紫气东来，象征着神仙的祥瑞之气。它是光谱中最后的一位色，也是人眼最不易感觉的颜色。但紫红色将光谱中的红与紫连接在一起而成了色相环。偏红的紫色由于具有红的成分而令人感到愉快；偏蓝的紫色令人感到悲哀或沮丧；浅淡的紫色柔和浪漫，让人觉得高雅；深暗的紫色不合群，让人感觉心理不安；鲜艳的紫色摩登神秘又感觉俗气。室内设计中紫色运用得当，将会产生独特的温柔气氛。

7. 白与灰的组合 白色是纯洁无瑕的象征，是最明亮的颜色。以白色为主的浅色调，在现代室内空间中的使用已越来越多。因为它给人的感觉是温柔、祥和、浪漫、清纯、淡雅、朴素、成熟、文静、梦幻、甜蜜……虽然有时感觉纤弱，但很好地处理色彩的黑、白、灰的关系，往往使室内在简洁中展示丰富，在平淡中体现高雅，在清爽中突出多彩，极富现代感（图3-10）。

8. 黑与灰的组合 鲜艳的色彩加了黑色，会使色彩变深变暗，随着黑色成分的增加，色彩会越来越重。这不仅表现在明度上，也表现在给人的心里感觉上。鲜明的色彩属于活泼、朝气的年轻人，以黑为主色调则属于充满自信和智慧的中年人。虽然黑灰色有时让人觉得老气、孤僻、不易沟通，但它有稳如泰山、值得信赖之感。黑色的意象是高级、稳重、科技感、踏实、理智、成熟，是室内色彩中不可或缺的稳定色。

图3-10 白与灰的组合

9. 温馨色调 温馨色调一般是指明度较高的粉色系列，如米黄、粉红、浅蓝，色调清淡甜美，一般用于卧室、书房及儿童房墙面，具有一定的个性。

10. 传统典雅色调 传统典雅色调以深咖啡色、棕褐色为主，主要表现在白色墙面衬映下的家具饰面上（图3-11）。

11. 轻快亮丽色调 轻快亮丽色调的色彩纯度较高，如红色沙发与黄色墙面搭配，色相对比度高，气氛活跃，给人以年轻优美的感觉。

图3-11 传统典雅色调

七、室内色彩设计的原则

色彩的设计在室内设计中起着改变或者创造某种格调的作用，会给人带来某种视觉上的差异和艺术上的享受。人在进入某个空间，最初几秒钟内得到的印象里，有75%是对色彩的感觉，然后才会去理解形体。所以，色彩对人产生的第一印象，是室内装修设计不能忽视的重要因素。室内装修中的色彩设计要遵循一些基本的原则，这些原则可以更好地使色彩服务于整体的空间设计，从而达到更好的境界。

1. 整体统一的规律 在室内设计中，色彩的和谐性就如同音乐的节奏与和声。在室内环境中，各种色彩相互作用于空间中，和谐与对比是最根本的关系，恰如其分地处理这种关系是创造室内空间气氛的关键。色彩的协调意味着色彩的基本要素，即色相、明度和纯度之间的靠近，从而产生一种统一感，但要避免过于平淡、沉闷与单调。因此，色彩的和谐应表现为对比中的和谐、对比中的衬托（其中包括冷暖对比、明暗对比、纯度对比）。

图3-12 色彩的和谐

色彩的对比是指色彩明度与彩度的距离疏远。在室内装饰过多的对比，则令人眼花而不安，甚至带来过分刺激感。为此，掌握配色的原理，协调与对比的关系就显得尤为重要。缤纷的色彩给室内设计增添了各种气氛，而和谐是控制、完善与加强这种气氛的基本手段（图3-12）。

2. 人对色彩的感情规律 不同的色彩会给人的心理带来不同的感觉，所以在确定居室与饰物的色彩时，要考虑人们的感情色彩。比如，黑色一般只用于点缀，试想，如果房间大面积运用黑色，人们在感情上恐怕难以接受，居住在这样的环境里，人的感觉也不舒服。例如老年人适合具有稳定感的色系，沉稳的色彩也有利于老年人身心健康；青年人适合对比度较大的色系，让人感觉到时代的气息与生活节奏的快捷；儿童适合纯度较高的浅蓝、浅粉色系；运动员适合浅蓝、浅绿等颜色以解除兴奋与疲劳；军人可用鲜艳色彩调剂军营的单调色彩；体弱者可用橘黄、暖绿色，使其心情轻松愉快等。

3. 要满足室内空间的功能需求 不同的空间有着不同的使用功能，色彩的设计也要随着功能的差异而做出相应变化。室内空间可以利用色彩的明暗度来创造气氛。使用高明度色彩可获光彩夺目的室内空间气氛；使用低明度的色彩和较暗的灯光来装饰，则给人以隐私性和温馨感。室内空间对于人们的生活往往具有一个长久性的概念。办公、居室等这些空间的色彩在某些方面直接影响人的生活，使用纯度较低的各种灰色可以获得一种安静、柔和、舒适的空间气氛；使用纯度较高的鲜艳色彩，则可获得一种欢快、活泼与愉快的空间气氛。

4. 力求符合空间构图需要 室内色彩配置必须符合空间构图的需要，充分发挥室内色彩对空间的美化作用，正确处理协调和对比、统一与变化、主体与背景的关系。在进行室内色彩设计时，首先要定好空间色彩的主色调。色彩的主色调在室内气氛中起主导、陪衬、烘托的作用。形成室内色彩主色调的因素很多，主要有室内色彩的明度、色度、纯度和对比度，其次要处理好统一与变化的关系，要求在统一的基础的求变化，这样，容易取得良好的效果（图3-13）。

图3-13 色彩配置

为了取得统一又有变化的效果，大面积的色块不宜采用过分鲜艳的色彩，小面积的色块可适当提高色彩的明度和纯度。此外，室内色彩设计要体现稳定感、韵律感和节奏感。为了达到空间色彩的稳定感，常采用上轻下重的色彩关系。室内色彩的起伏变化，应形成一定的韵律和节奏感，注重色彩的规律性，否则就会使空间变得杂乱无章，成为败笔。

5. 将自然色彩融入室内空间 室内与室外环境的空间是一个整体，室外色彩与室内色彩相应地有密切关系，它们并非孤立地存在。自然的色彩引进室内，在室内创造自然色彩的气氛，可有效加深人与自然的亲密关系。

自然界草地、树木、花草、水池、石头等是装饰点缀室内装饰色彩的一个重要内容。这些自然物的色彩极为丰富，它们可给人一种轻松愉快的联想，并将人带入一种轻松自然的空间之中，同时也可让内外空间相融。大自然给了人类一个绚丽多彩的自然空间，人类也喜爱、向往大自然，自然界的色彩必然能与人的审美情趣产生共鸣。室内设计中，充分考虑自然色彩来创造室内空间的自然气氛，是人类所向往的，同时，让人类回归自然也是室内设计的一个主题（图3-14）。

图3-14 自然色彩

6. 其他 室内空间配色不宜超过三种，其中白色、黑色不算色；金色、银色可以与任何颜色相陪衬（金色不包括黄色，银色不包括灰白色）；空间非封闭贯穿的，必须使用同一配色方案；不同的封闭空间，可以使用不同的配色方案。

第四章 照明设计

一、自然光

自然光主要来源于太阳光的直射和反射。白天地球所接受的太阳光是直射，夜间月亮及云彩所映射的光源为太阳光的反射。

自然光对于居室之宝贵，犹如空气对于人之宝贵。在家居照明设计中，自然采光是考虑的重点（图4-1）。在室内利用自然光主要是顶部受光和侧部受光两种，居室内的光源通过顶棚、窗户及门洞获取。一般而言，顶部天窗垂直采光的亮度是侧面普通窗采光的三倍，这种光源一般用于高层住宅顶楼或别墅顶层，可以在建筑结构上

图4-1 自然光

直接或间接地开设天窗。侧面采光一般通过多层住宅或高层住宅靠墙开设的窗户入射。我国处于北半球，住宅建筑的定制形式以坐北朝南居多，一般是南北方向开窗，采光时间长，光源稳定，光线适中，可以通过窗帘等装饰物件来调节；而少数东西方向开设窗户的住宅空间，采光时间不定，光源变化多样，在设计和规划功能空间分配时，应重新考虑上述空间的使用。

1. 采光形式

（1）侧面采光 侧面采光指建筑本身的侧窗采光，一般采用此种形式。楼房建筑顶层也有采用此法的。其特点是光的方向性强、结构简单、经济，但光线不均匀。

（2）上部采光 上部采光指利用各种天窗或屋顶高低错落进行采光，其特点是采光量大、较均匀，但结构一般较复杂，造价高，常用在楼房建筑的顶层。

（3）综合采光 综合采光同时使用侧面和上部采光，是比较理想的采光形式。

2. 设计利用自然光的原则

1）高窗比宽窗更为有效，因光线可照射到室内深处，楣深不应超过30cm。

2）窗台应与桌面高度一致，如果窗台低于桌面，则可能产生眩光，且冬季不保温。

3）空间纵向长度不得大于窗子高度的2倍。

4）空间内窗子的总面积应为地板面积的1/5左右。

5）选择透明性较好的玻璃，明亮玻璃的透光度可达90%，毛玻璃、玻璃砖、保温玻璃的日光穿透能力为30%～70%。

6）采取有效措施避免太阳光的直接照射，防止眩光和减少热辐射，以保证室内的舒适和良好的视觉条件。例如可采用软百叶窗和窗帘，调节入射的日光量。

7）每一扇窗都应直接受天空照射，空间内的每一个点最好都能看到天空。

8）离邻近建筑的距离最好在其本身高度的2倍以上。

9）室内和庭院应为浅色，以尽可能地多反射日光。视力要求的不同对自然照明的要求也不同。

二、人工照明

（一）布置形式

在居住环境装饰中进行照明设计布局，主要可按普通照明、重点照明与装饰照明三种形

式来布置。

1. 普通照明　所谓普通照明，是指给予室内均匀照度的采光形式，能给室内带来一种照明背景，通常选用比较均匀的照明灯具，主要用于起居环境与厨房环境等空间场所。

2. 重点照明　重点照明又称为局部照明，是依据居住环境中某种特定活动区域的需要，使光线集中投射到某一范围内的照明形式。在居住环境中主要用于阅读、烹调、化妆及书写等处（图4-2）。

图4-2　重点照明

3. 装饰照明　装饰照明是为了增加居住环境的视觉美感，增加空间层次，丰富室内环境气氛而采用的特殊照明形式。例如在起居环境聊天、休息用的壁灯，室内陈设的雕塑、绘画、盆景使用的射灯照明，以及节日在房间中设置的满天星彩灯、蜡烛等均属于这个范畴，用以增强其活跃的气氛。

(二)照明灯具

1. 照明灯具的种类　照明灯具从形状上看有方形、圆形、椭圆形、烛形、莲花形、菱形等；从安装方式上看有吊挂、直立、镶嵌等；从制作材料上看有玻璃、塑料、纱质、木质框架等。其具体的常用种类有：

(1) 吸顶灯　吸顶灯是在顶棚或吊顶的外部饰面上安装的灯具，从外表看好像吸附在顶面基层部位，故称为吸顶灯。其光源能均匀地照亮所在的整个空间，有圆形、方形、特异形多种。

(2) 吊顶灯　吊顶灯是由顶棚垂直或曲折吊下的灯具，灯头通过软线、直管等连接物件垂吊在居室内半空中，垂吊高度越低，光亮度越强，光源散发就越集中。吊顶灯是家用灯饰的主体，品种繁多，外形结构多样，材质构件丰富，按形体结构可分为枝形、花形、圆形、方形、宫灯式、悬垂式等（图4-3）。

图4-3　吊顶灯

(3) 壁灯　壁灯又称为托架灯，通过安装在墙面上的支架器具承托灯头，一般以整体照明和局部照明的形式照亮所在的墙面及相应的顶面和地面，照明效果生动活泼，同时也是一种墙面装饰手段。

(4) 聚光灯　聚光灯又称为射灯、筒灯，安装在墙体吊顶内侧的灯具，主要集中照射地面、墙面上的重要装饰结构和家具，如墙上的壁画、浮雕、装饰品等，加强室内环境空间的明暗对比，营造特定的环境氛围。这种灯具一般可调节方向，外形以方和圆两种为主。

(5) 落地灯　落地灯有各种样式的灯杆，其灯罩的造型更是多姿多彩，主要用于起居环境与睡眠环境，且是室内环境不可或缺的陈设之一（图4-4）。

图4-4　落地灯

（6）地脚灯　地脚灯是安装于装饰柜下及踢脚板边侧的小功率灯具，一般用于夜间活动，避免眼部受强光刺激，也可设计成特异造型，成为居室内装饰的一部分。

（7）台灯　台灯是写字台、床头柜、茶几上的辅助照明工具，一般用于工作学习，光照集中，强度可根据需要随意调节，按光源性质分主要有荧光灯和白炽灯两种。

2．照明灯具的选择

（1）起居室　在起居环境中的活动很多，主要包括会客、聊天、听音乐、看电视与读书写字等，为此照明方式应多样。比如多人聚会时采用普通照明，可用吊灯、嵌顶灯与吸顶灯等；而听音乐、看电视则采用落地灯与台灯作局部照明；另外，起居环境中的各种挂画、盆景、雕塑与收藏艺术品等，则可用射灯装饰照明。

（2）卧室　卧室与起居室一样，功能较多，光线的选择也多样。比如睡眠时要求光线柔和，常用床头壁灯或床头柜上的台灯；穿衣服、化妆时均要求光线均匀，常用卧室内的普通照明灯具，并利用衣柜前与梳妆台上的灯具作局部照明。

（3）餐厅　由于中国人吃饭时比较注重菜肴的色香味，故要求照明的照度比西方人用餐时要明亮得多，主要采用下向照明的吊灯，光源范围最好不超过餐桌的范围，且勿使光线直接射入人的眼睛。灯的亮度与高度应能调节，以适应就餐人数的变化。

（4）厨房　厨房通常采用普通照明的形式，在房间顶面设置吸顶灯，并在配菜、洗菜、炒菜的位置设局部照明灯具进行照明（图4-5）。

（5）书房　书房要求照明光线要柔和、明亮，并能避免眩光，灯具多以台灯为主，要求照明能有利于主人精力充沛地学习与工作。

（6）卫生间　卫生间常在房间顶面设置一个吸顶灯，并在洗脸镜架上方或侧方设一个防雾日光灯作局部照明。

（7）门厅、走廊　门厅最好能设置一个比较明亮的灯具作局部照明用，而走廊里设嵌顶灯具作普通照明即可。

图4-5　厨房照明

（三）设计利用人工照明的原则

1．照度要适宜　照度的确定既要考虑视觉需要，也要考虑经济上的可行性和技术上的合理性。灯火通明不是标准。家居内最理想的亮度是延续黄昏时分的自然光。

2．照明要均匀、稳定　照度表示的是光的数量，但除了光的数量外，还必须注意光的质量。衡量光的质量的因素之一就是照明的均匀性和稳定性。均匀性一般指照度均匀和亮度均匀。视觉是否舒服愉快在很大程度上决定着照明的均匀性；稳定性是指视野内照度或亮度保持标准的一定值，不产生波动，光源不产生频闪效应，否则眼睛需要随照度的改变而不断调整瞳孔大小与明暗适应，会增加视觉器官的额外负担。许多人盲目使用射灯（用卤素钨丝灯泡）。射灯本是用于重点照明的，有强调展示品的作用，但现在反而用在一般照明上。吊顶上的射灯使得顶棚过分抢眼，对眼睛有极大的伤害。

3．要考虑光源的光色效果　光色效果是衡量光的质量的又一因素。光源的光色包括色表和显色性。所谓色表，就是光源所呈现的颜色，如荧光灯灯光看起来像日光色，高压钠灯灯光看上去像是全白色；当不同的光源分别照射到同样一种颜色物体上时，该物体就会表现出不同的颜色，就是光源的显色性。许多人为了省电，过多地使用节能灯，而忽略了灯光在营造家庭气氛方面的作用。节能灯具是日光灯的一种，它虽然省电，但也有荧光灯的缺点，即灯光过于冷白。因此，从营造居家温馨气氛的角度来看，过多地使用节能灯具是不合理的。

图4-6　防止眩光材料

4．防止眩光　产生目眩的光称为眩光。眩光多源于外界物体表面过于光亮（如电镀抛光）、亮度对比过大或直接强光照射。眩光刺激眼睛，阻碍视力，造成不舒适的视觉条件，应尽量加以避免。许多人在装修时，喜欢大面积的运用金属、玻璃材料，此时就应该充分考虑这些材料对光的反射、折射性能，避免过多的光源产生眩光（图4-6）。

（四）人工照明形式

1．直接照明　直接照明指光源中90％以上的光线直接投射在被照明物体上，如筒灯、射灯。

图4-7　间接照明

2．半直接照明　半直接照明指光源中60％～90％的光线直接投射在被照明物体上，其余的光线经反射后再照射到物体上。这种灯具一般带有漫射灯光罩，如台灯灯罩、落地灯灯罩上部的开口，向上照射的光线再通过顶棚投射下来（图4-7）。

3．漫射照明　漫射照明指光源中40％～60％的光线直接投射在被照明物体上，其余的光线经漫射后再照射到物体上。这种光线亮度较差，但光质柔软，一般都采用毛玻璃或半透明的乳白塑料灯罩，如普通的室内吊灯、壁灯等。

4. 半间接照明 半间接照明指光源中10%～40%的光线直接投射在被照明物体上，其余的光线经反射后再照射到物体上。大多数吊灯都采用这种照明方式，光线分面均匀，居室顶面无投影，一般用于整体照明。

5. 间接照明 间接照明指光源中90%以上的光线都经过反射后才照到被照明物体上。诸如灯罩只有上端开口的落地台灯、立灯、壁灯等均属于此类照明形式。需注意的是，这种照明方式在单独使用时，不透明的灯罩下部会产生浓重的阴影，需用其他类型的照明方式加以调和。间接照明通常只用于居住环境的装饰，以渲染环境的气氛，一般是安装在柱子、天花吊顶凹槽处的反射型槽灯。

三、室内照明的设计原则

1. 安全原则 灯具安装场所是人们在室内活动频繁的场所，所以安全是第一位的，就是要求灯光照明设计绝对安全可靠，必须采用严格的防电措施，以免发生意外事故。有些设计师只追求居室的灯光绚丽，根本不考虑安全性能，这是错误的。照明设计不单纯是美学设计，还要具备一定的电工知识基础。

2. 实用原则 灯光照明设计必须符合功能的要求，根据不同的空间、不同的对象选择不用的照明方式和灯具，并保证适当的亮度。例如室内的陈列，一般采用强光重点照射以强调其形象，其亮度比一般照明要高出3～5倍。书房的环境应是文雅幽静、简洁明快，光线最好从左肩上端照射，或在书房前方装设亮度较高又不刺眼的台灯。专用书房的台灯宜采用艺术台灯，如旋壁式台灯或调光艺术台灯，使光线直接照射在书桌上，一般不需全面用光，为检索方便可在书柜上设隐形灯。

3. 合理性原则 灯光照明并不一定是以多为好、以强取胜，关键是科学合理。灯光照明设计是为了满足人们视觉和审美的需要，使室内空间最大限度地体现使用价值和欣赏价值，并达到使用功能和审美功能的统一。华而不实的灯饰非但不能锦上添花，反而画蛇添足，同时造成电力消耗和经济上的损失，甚至还会造成光环境的污染，而有损身体的健康。例如许多人喜欢在客厅设计一盏大方明亮的高档豪华吊灯，但不是每个空间都适合这种设计。如果客厅层高超过3.5m以上，可选用档次高、规格尺寸稍大一点的吊灯；若层高在3m左右，宜选用中档、规格尺寸稍小一点的吊灯；层高在2.5m以下的，宜选用中档装饰性吸顶灯，而不用吊灯（图4-8）。

图4-8 灯光照明的合理性

4. 美观原则 灯具不仅起到保证照明的作用，而且由于其十分讲究造型、材料、色彩、比例，已成为室内空间不可或缺的装饰品。通过对灯光的明暗、隐现、强弱等进行有节奏的控制，采用透射、反射、折射等多种手段，创造风格各异的艺术情调气氛，为人们的生活环境增添丰富多彩的情趣。例如家庭中餐厅的灯光设计，灯饰一般可用垂悬的吊灯。为了达到效果，吊灯不能安装太高，在用餐者的视平线上即可；如是长方形的餐桌，则安装两盏吊灯或长的椭圆形吊灯，吊灯要有光的明暗调节器与可升降功能，以便兼作其他工作用。中餐讲究色、香、味、意、形，因而往往需要明亮一些的暖色调。

第五章 玄关设计

玄关也被称作门厅，原指佛教的入道之门，演变到后来，泛指厅堂的外门。现在玄关一词专指住宅室内与室外之间的一个过渡空间，也就是进入室内换鞋、脱衣或从室内去室外时穿衣、穿鞋的缓冲空间，也有人把它叫作斗室、过厅或门厅。

在住宅中，玄关虽然面积不大，但使用频率较高，是进出住宅的必经之处。在房间装修中，人们往往最重视客厅的装饰和布置，而忽略对玄关的装饰。其实，在房间的整体设计中，玄关是给人第一印象的地方，也是反映主人文化气质脸面。

一、玄关的功能认识

1. 视觉屏障作用　玄关对户外的视线产生了一定的视觉屏障，不至于开门见厅，让人一进门就对客厅的情形一览无余。它注重室内行为的私密性及隐蔽性，保证了厅内的安全性和距离感，在客人来访和家人出入时，能够很好地解决干扰和心理安全问题，使出门入户的过程更加有序（图5-1）。

2. 较强的使用功能　在使用功能上，玄关可以作为放雨伞、挂雨衣、换鞋、放包的地方。平时，玄关也是接收邮件、简单会客、方便客人脱衣、换鞋的场所，同时也保证了客厅的清洁。

图5-1　玄关

3. 保温作用　玄关在北方地区可形成一个温差保护区，避免冬天寒风在开门时或平时通过缝隙直接入室。在南方地区风大时也一样适用。

4. 装饰作用　推开房门，第一眼看到的就是玄关，这里是客人从室外进入这个家庭的最初感觉。可以说，玄关设计是设计师整体设计思想的浓缩，它在房间装饰中起到画龙点睛的作用，能使客人一进门就有眼前一亮的感觉（图5-2）。

图5-2　玄关装饰

二、玄关的格局

在室内装修中，与玄关相连的是客厅。依据与客厅的关系，玄关可分为以下几种形式：

1. 包含式　包含式玄关包含于客厅之中，稍加修饰，就会成为整个厅堂的亮点，既能起分隔作用，又能增加空间的装饰效果。为突出玄关的使用，可选用装饰玻璃作为造型隔断，通透明亮，而鞋柜、储藏柜则贴墙放置，装饰造型与实用功能分开，实用性较强。

2. 独立式　独立式玄关一般狭长，是进门通向客厅的必经之路，可以选择多种装潢形式进行处理。一般会设计一整面墙体设置鞋柜和

图5-3　独立式玄关

装饰柜，且柜体功能多样，能满足储藏、倚坐等多项起居行为，功能性较强（图5-3）。

3. 邻接式　邻接式玄关与客厅相连，没有较明显的独立区域。可使其形式独特，但要考虑风格形式的统一，装饰柜及鞋柜不宜完全阻隔，可使用通透的玻璃或金属格栅作为装饰材料，紧密联系相邻空间，使之在视觉上可融为一体。

三、玄关的形式

玄关不仅是展示主人生活品位的窗口，同时也具有实用功能。一般来说，玄关的空间往往不大，而且不太规整。在这个不大的空间中，设计既要表现出居室的整体风格和主人的不俗品位，又要兼顾展示、换鞋、更衣、引导、分隔空间等实用功能。所以玄关看起来虽然简单，却往往是居室设计的关键。玄关的形式包括以下几种：

1. 低柜隔断式　低柜隔断式即以低形矮柜来限定空间，以低柜式成型家具的形式作隔断体，既可储放物品，又能起到划分空间的功能。

2. 玻璃通透式　玻璃通透式是以大屏玻璃作装饰分隔，或在木作周围或内部嵌饰喷砂玻璃、压花玻璃等通透的材料，既可以分隔大

图5-4　玻璃通透式玄关

空间，又能保持整体空间的完整性（图5-4）。

3. 柜架式　柜架式就是半柜半架式。柜架的形式采用上部为通透格架作装饰，下部为柜体；或以左右对称形式设置柜件，中部通透等形式；或用不规则手段，虚、实、散互相融和，以镜面、挑空和贯通等多种艺术形式进行综合设计，以达到美化与实用并举的目的（图5-5）。

图5-5　柜架式玄关

4. 半开半闭式 半开半闭式是以隔断下部为完全遮蔽式设计。隔断两侧隐蔽无法通透，上端敞开，贯通彼此相连的天花顶棚。半开半闭式隔断墙的高度大多为1.5m，通过线条的凹凸变化、墙面挂置壁饰或采用浮雕等装饰物的布置，从而达到浓厚的艺术效果。

5. 休闲吧台式 休闲吧台式玄关和低柜的形式大同小异，但比低柜高。由于玄关的地理位置和餐厅相接，所以，一方面起着玄关的作用，另一方面却真正起着吧台和酒具酒柜的作用。

6. 玻璃造型式 玻璃造型式是以大屏的玻璃固定在不锈钢架或木制架栏上，玻璃的规格在5~8mm。采用压花玻璃、喷砂彩绘玻璃或磨花造型，使之成为客厅的景点之一，其装饰功能极强。

7. 格栅围屏式 格栅围屏式主要是以带有不同花格图案的镂空木格栅屏作隔断，既有古朴雅致的风韵，又能产生通透与隐秘的互补作用。

四、玄关的设计

1. 玄关的重点设计部位

（1）地面 装修中往往把玄关的地面和客厅区分开来，自成一体，或用纹理美妙、光可鉴人的磨光大理石、人造石拼花，或用图案各异、镜面抛光的地砖拼花勾勒而成。由于玄关的流动量大，因此在选择地面材料时，应以易于清洗、坚固美观为依据。硬的地板砖、人造石之类的不错。如果嫌脚感不好，可以在上面铺地毯，但一定要粘牢，使其不能滑动；也可在下面铺一层粗软垫子，以防滑动；木地板也是很好的选择，但造价较高。玄关门外处通常铺设一块结实的擦脚垫，以擦去鞋子的污垢。所以，玄关的地面设计有三大原则：易保洁、耐用、美观（图5-6）。

图5-6 玄关地面

（2）顶面 玄关的空间一般比较狭窄，容易产生压抑感。但通过吊顶的配合，可以改变玄关空间的比例和尺度。玄关天花往往可以成为极具表现力的室内一景。它可以是自由流畅的曲线；可以是层次分明、凹凸变化的几何体；也可以是大胆露出的木龙骨，上面悬挂点点绿意。天花的造型与客厅的不一样，即可把客厅和门厅区分开。玄关吊顶的风格多变，在做玄关吊顶时，既要有个性，也要讲究整体统一，应将玄关的吊顶和客厅的吊顶结合起来考虑。所以，玄关的顶面设计有三大原则：简洁、统一、有个性（图5-7）。

（3）墙面 玄关的墙面往往与人的视距很近，通常只作为背景烘托。选出一块主墙面重点加以刻画，或以水彩、木质壁饰，或刷浅色乳胶漆，再设计一个别致的家具，重在点缀达意，切忌堆砌重复，且色彩不宜过多（图5-8）。

图5-7 玄关顶面

图5-8 玄关墙面

2. 常用设计方法 玄关的变化离不开展示性、实用性、引导过渡性这三大特点，归纳起来，主要有以下几种常用设计方法：

1) 顶地灯相互呼应、中规中矩，这种方法大多用于玄关比较规整方正的区域。

2) 实用为先，装饰点缀，整个玄关设计以实用为主。

3) 随形就势，引导过渡，玄关设计往往需要因地制宜。

4) 巧用屏风分隔区域，玄关设计有时也需借助屏风以划分区域。

5) 内外玄关华丽大方，对于空间较大的居室，玄关大可处理得豪华、大方。

6) 通透玄关扩展空间，空间不大的玄关往往采用通透设计，以减少空间的压抑感。

五、玄关的家具布置

玄关区域常设的家具，应具备定向使用的功能特征，适当的配置可以使出门、回家、待客及整理家务时倍感方便。

1. 鞋柜 鞋柜柜体内部应具备可调节的功能，以适合放置各式鞋具及保养鞋具的用品。应采取透气的设计，保持鞋具干燥。至于柜体大小，就得按实际需要购买或现场施工制作。鞋柜内应放些干燥剂、除臭剂（图5-9）。

2. 换鞋椅 换鞋椅或固定式或移动式，方便脱、穿鞋。

图5-9 鞋柜

3. 衣帽柜 衣帽柜可与鞋柜连体设计，供存放雨衣、风衣、帽子等各项外出用品。箱体内部必须与鞋柜分隔，以免鞋柜的气味到处散发。

4. 衣帽架 衣帽架分活动的或固定的，按需要选择。

5. 仪表镜 仪表镜在出入时整理仪容时很实用，同时有加大空间的效果，形式可按整体设计订制或采购成品。

6. 玄关几 玄关几是一种靠壁式矮台（几），高度为90~120mm，可摆放装饰工艺品，当然更是提供穿、脱鞋时放置随身携带物品的地方。

六、玄关的照明设计

门厅一般都没有窗户，自然采光很差，要利用灯光来补充。门厅处一般需要一盏大一些的主灯，再配合壁灯、穿衣灯，以及起装饰作用的射灯等光源，共同营造一个温暖、明亮的空间。同时，玄关处的照度要亮一些，以免给人晦暗、阴沉的感觉。精心设计的灯光组合，筒灯、射灯、壁灯、轨道灯、吊灯、吸顶灯等根据不同的位置安排，可以形成焦点聚射，也可以营造出理想的生活空间。但灯光效果应有重点，不宜面面俱到（图5-10）。

七、玄关设计要点

图5-10 玄关的照明

图5-11 玄关更衣柜

玄关的设计要点包括以下几个方面：

1. 间隔和私密性 之所以要在进门处设置玄关对景，其最大的作用就是遮挡人们的视线。这种遮挡并不是完全的遮挡，而要有一定的通透性。

2. 实用和保洁 玄关同室内其他空间一样，也有其使用功能，就是供人们进出家门时，在这里更衣、换鞋，以及整理装束（图5-11）。

3. 装修和家具 玄关地面的装修，采用的都是耐磨、易清洗的材料。墙壁的装饰材料，一般都和客厅墙壁统一。玄关顶部要做一个小型的吊顶。玄关中的家具应包括鞋柜、衣帽柜、镜子、小坐凳等，这些家具要与居室整体风格相匹配。

4. 采光和照明 玄关处的照度要亮一些，以免给人晦暗、阴沉的感觉。

第六章 客厅设计

客厅，从专业层面来说，是指专门接待客人的地方。由于我国国情的限制，往往在建筑上把客厅与起居室的作用混为一体。也就是说，我国大部分住宅的客厅，是兼有接待客人和生活日常起居作用的。当然，部分经济富裕的家庭也会有专门的客厅和专门的起居室。由于二者大同小异，因此这里把它们合在一起介绍。

一、客厅的功能认识

客厅是家庭日常生活主要活动的空间。通常情况下，由于居住条件有限，客厅的功能都是一厅多用的。它的主要功能是家庭会客、看电视、听音乐、家庭成员聚谈等，在现代家庭中负有联系内外、沟通宾主的任务。因而，客厅是现代家庭生活的中心。客厅通常由以下几部分组成：

图6-1　会客区

1. 会客区　会客区一般以组合沙发为主。组合沙发轻便、灵活、体积小、扶手少、能围成圈，又可利用墙角转弯放置，分隔出亲切、舒适的一角。会客时无论是正面还是侧面相互交谈，都有一种亲切、自然的感觉（图6-1）。

2. 视听区　电视与音乐已经成为人们生活的重要组成部分，因此视听空间成为客厅的一个重点。现代化的电视和音响系统提供了多种式样和色彩，使得视听空间可以随意组合并与周围环境组合为整体。

3. 休闲区　客厅通常会提供一个休闲娱乐的空间，来满足人们的娱乐需求。这些娱乐设备的安置应本着既要易于取用，又要易于收拾妥当的原则进行。

4. 展示区　客厅中的饰物、挂件及收藏品的摆放和陈列，既可装饰空间，又能展示主人的爱好。精致的饰物和巧妙的陈设，可以提高客厅的品位。

二、客厅的格局规划

客厅的主要功能区域为聚谈区，送往迎来、新老朋友相聚、小坐品茗等，都要在这里进行，也可分为阅读、书写区或音乐欣赏区、影视欣赏区或娱乐区等。这些区域往往活动的性质相似而进行活动的时间不同，因此，可以尽量合并以增加空间。活动性质冲突的区域要分开设置，以免相互干扰（图6-2）。

图6-2　客厅的格局

为了解决有些功能区域相互干扰的矛盾，需要通过装修手段，采取不同的分隔方式来解决。这些不同的分隔方式是客厅装修的用武之地，也是形成艺术氛围的有力表现手段。常用的分隔方式有：家具分隔，利用花池分隔，装饰隔断，活动百叶窗、卷帘、帷幔、折叠门、博古架、屏风及矮墙分隔等，还可以采取复式地板来创造不同功能的空间，装饰精美的柱式造型象征性地分隔空间，利用顶棚装饰造型的变化来区别空间和改变不同功能区域，以及利用地面色彩来暗示不同使用空间。

三、客厅的基本设计

图6-3　空间设计

客厅的基本设计主要包括以下几个方面：

1. 空间设计　客厅的设计中，制造宽敞的感觉是非常重要的，不管空间是大还是小，在室内设计中都需要注意这一点。宽敞的感觉可以带给人轻松的心境和欢愉的心情（图6-3）。

2. 最高设计　客厅是家居中最主要的公共活动空间，不管是否做人工吊顶，都必须确保空间的高度。这个高度是指客厅应是家居中空间净高最大者(楼梯间除外)。这种最高化包括使用各种视错觉处理。

3. 景观设计　在室内设计中，必须确保从哪个角度所看到的客厅都具有美感，这也包括主要视点(沙发处)向外看到的室外风景的最佳化。客厅应是整个居室装修最漂亮或最有个性的空间。

4. 照明设计　客厅应是整个居室光线(不管是自然采光或人工采光)最亮的地方，当然这个亮不是绝对的，而是相对的。

5. 风格设计　不管家庭成员的个性或者审美特点如何，除非平时没有什么亲友来往，否则必须确保其风格被大众所接受。这种普及并非指装修得平凡、一般，而是需要设计成让人比较容易接受的那一种风格（图6-4）。

图6-4　风格设计

6. 材质设计　在客厅装修中，必须确保所采用的装修材质，尤其是地面材质能适用于绝大部分或者全部家庭成员。例如在客厅铺设太光滑的地砖，可能会对老人或小孩造成伤害或妨碍他们的行动。

7. 交通设计　客厅的布局应是最为顺畅的，无论是侧边通过式的客厅还是中间横穿式的客厅，都应确保进入客厅或通过客厅的顺畅。当然，这种确保是在条件允许的情况下形成的。

8. 家具设计　客厅使用的家具，应考虑家庭活动的适用性和成员的适用性。这里最主要考虑的是老人和小孩的使用问题，有时候不得不为他们的方便而做出一些让步。

9. 地面设计　由于活动较多，客厅的地面装修取材应易于清洁，一般采用陶瓷地砖、企口实木地板或复合木地板。为减少热传导，提高舒适感，常在坐椅和沙发区局部铺设地毯，这也增加了装饰效果（图6-5）。

图6-5　地面设计

10. 墙面设计　客厅墙面常使用优质的内墙涂料、墙纸或做局部的木装修。根据造型风格的需要，也可把局部墙面处理成仿石、仿砖或原木等质感较为粗犷的面层。

11. 顶棚设计　客厅顶棚常用的装修形式有吊顶和原底装饰两种。其中吊顶又分吊平顶、吊二级顶、吊三级顶等多种形式。吊顶的目的一是为了获得装饰效果；二是为了盖住顶棚上的各种线管。原底装饰是指在原有基础上直接刮腻子做表面装饰。

四、客厅的设计原则

1. **风格要明确** 客厅是家庭住宅的核心区域。现代住宅中，客厅的面积最大，空间是开放性的，地位也最高，它的风格基调往往是家居格调的主脉，把握着整个居室的风格。因此，确定好客厅的装修风格十分重要，可以根据自己的喜好选择传统风格或现代风格、中式风格或西式风格。客厅的风格可以通过多种方法来实现，其中吊顶及灯光、色彩的不同运用更适合表现客厅的不同风格（图6-6）。

2. **个性要鲜明** 如果说厨卫的装修是主人生活质量的反映，那么客厅的装修则是主人的审美品位和生活情趣的反映，讲究的是个性。厨卫装修可以通过装成品的整体厨房和整体浴室来提高生活质量和装修档次，但客厅必须有自己独到的东西。不同的客厅装修中，每一个细小的差别往往都能折射出主人的人生观及修养、品位，因此设计客厅时要用心，要独具匠心。个性可以通过装修材料、装修手段的选择及家具的摆放来表现，但更多的是通过配饰等软装饰来

图6-6　现代风格

表现，如工艺品、字画、坐垫、布艺、小饰品等软装饰，这些更能展示主人的修养。

3. **分区要合理** 客厅具有多种功能。它既是全家活动、娱乐、休闲、交流等活动场所，又是接待客人的社交空间。有的住宅客厅空间比较大，还具有就餐、学习的功能。客厅是家居生活的中心地带，使用频率非常高，各种功能用起来是否方便，直接影响到主人的生活。客厅要实用，就必须根据自己的需要，进行合理的功能分区。如果家人看电视的时间非常多，那么就可以视听柜为客厅中心，来确定沙发的位置和走向；如果不常看电视，客人又多，则完全可以会客区作为客厅的中心。

客厅区域划分可以采用硬性区分和软性划分两种办法。软性划分是用暗示法来塑造空间，即利用不同装修材料、装饰手法、特色家具、灯光造型等来划分。例如通过吊顶从上部空间将会客区与就餐区划分开来，地面上可以通过局部铺地毯等手段把不同的区域划分开来。家具的陈设方式可以分为两类——规则（对称）式和自由式。小空间的家具布置宜以集中为主，大空间则以分散为主。硬性划分是把空间分成相对封闭的几个区域来实现不同的功能，主要是通过隔断、家具的设置，从大空间中独立出一些小空间来。

4. **重点要突出** 客厅有顶面、地面及四面墙壁。因为视角的关系，墙面理所当然地成为重点。但四面墙也不能平均用力，应确立一面主题墙。主题墙是指客厅中最引人注目的一面墙，一般是放置电视、音响的那面墙。在主题墙上，可以运用各种装饰材料做一些造型，以突出整个客厅的装饰风格。目前使用较多的如各种毛坯石板、木材等。主题墙是客厅装修的点睛之笔，有了这个重点，其他三面墙就可以简单一些，四白落地即可。如果都做成主题墙，就会给人杂乱无章的感觉（图6-7）。

图6-7　突出重点

顶面与地面是两个水平面。顶面在人的上方，顶面处理对整个空间起决定性作用，对空间的影响要比地面显著。地面通常是最先引人注意的部分，其色彩、质地和图案能直接影响室内观感。

五、客厅吧台设计原则

有的家庭客厅和餐厅是连在一起的，这就需要把它们在视觉上或在使用功能上做一个分割。设置吧台就是其中的一种形式。

吧台设计的原则：

1) 在室内设置吧台，必须将吧台看作完整空间的一部分，而不单是一件家具。好的设计能将吧台融入空间。吧台的位置并没有特定的规则可循，设计师通常会建议利用一些畸形、零散的空间。如果将吧台当作空间的主体时，便要好好考虑动线走向。良好的设计具有引导性，无形中使居住往来更加舒适（图6-8）。

2) 吧台位置当然也会影响电路和给水排水设计，尤其是位于离管道间或排水管较远的角落时，排水就成了一大难题。排水管要有一定的倾斜角度。如果吧台位置离室外近，可以将排水管接到户外，以单独的管线排水；如果将管线接到管道间而倾斜度又不足，必须从顶棚或者墙内安管时，施工就比较麻烦，费用也会跟着提高。

3) 如果想在吧台内使用耗电量高的电器，如电磁炉等，最好单独设计一个回路，以免电路跳闸。

4) 利用角落而筑成的吧台，操作空间至少需要90cm，而吧台高度有两种尺寸，单层吧台约110cm，双层吧台则为80cm与105cm，其间差距至少要有25cm，内层才能置放物品。

5) 台面的深度必须视吧台的功能而定，只喝饮料与用餐所需的台面宽度不一样。如果台前预备有座位，台面得突出吧台本身，因此台面深度至少要达到40~60cm，这种宽度的吧台下方也比较方便储物。

6) 一般来说，最小的水槽长60cm，操作面宽60cm，其他的则按需要度量即可。

图6-8 吧台设计

7) 设水槽的吧台在购买水槽时要注意，水槽最好是平底槽，放置杯子时才不会倾倒或撞坏，水槽深度最好在20cm以上，以免水花四溅，弄得到处湿淋淋。

8) 酒柜的设计要注意使用上的便利，每一层的高度至少是30~40cm，置放酒瓶的部分最好设计成斜放的，让酒能淹过瓶塞，使酒储放更久；柜子深度不要太深，如果拿个杯子要越过其他物件则不方便。

9) 台面最好要使用耐磨材质，贴皮就不太适合，有水槽的吧台最好还能耐水；如果吧台使用电器，耐火材质是最好的，像人造石、美耐板、石材等，都是理想的材料。

六、客厅的家具布置

客厅利用率极高。为突出其融洽的气氛，当不同功能的区域要加以分隔时，最好是利用家具的布置、磨砂玻璃、花架和活动屏风等组成局部的分隔形式，形成一个既彼此分隔又相互陪衬的和谐整体风格。

（一）客厅的家具布置形式

客厅布置应以宽敞为原则，最重要的是体现舒畅、自在的感觉。客厅的家具一般不宜太多，根据其空间大小需要，通常仅考虑沙发、茶几、椅子及视听设备即可。客厅沙发的布置较为讲究，主要有U式、面对式及L式三种：

1. U式　U式布置是客厅中较为理想的座位摆设。它既能体现出主座位，又能营造出更为亲密而温馨的交流气氛，使人在洽谈时有轻松自在的感受。视听柜的布置面对主座位，不仅显现庄重，还能洋溢出亲切、祥和的气氛。就我国目前的居住水平而言，一般家庭还不可能有较大面积的客厅，因此，选用占面积少而功能多的组合沙发最为合适，必要时可将其当卧床使用。如果家具是浅色的，效果就更好，可以使房间显得宽敞些。墙壁色调最好采用浅黄、橙等偏暖的色彩（图6-9）。

图6-9　U式

2. 面对式　面对式的摆设使聊天的主人与客人之间易产生自然而亲切的气氛。但对于在客厅设立视听柜的空间来说，又不太合适。因为视听柜及视屏位置一般都在侧向，看电视时，要斜侧着头是很不妥当的。所以目前流行的做法是沙发与电视柜相面对，而不是沙发与沙发的面对。

3. L式　L式布置适合在小面积客厅内摆设。视听柜的布置一般在沙发对角处或沙发的对面。L式布置法可以充分利用室内空间，但连体沙发的转角处是不宜坐人的，因为这个位置会使坐着的人产生不舒服的感觉，也缺乏亲切感（图6-10）。

图6-10　L式

（二）客厅的家具布置原则

客厅的家具应根据室内的活动和功能性质来布置，其中最基本的要求是设计包括茶几在内的一组供休息、谈话使用的沙发，以及相应的诸如电视音响、书报杂志、影音资料、饮料及用具等设备用品，其他的就要根据客厅的单一或复杂程度，增添相应家具设备。

多功能组合家具，能存放多种多样的物品，常为客厅所采用，其特点是：在家具某些部件上稍加调整就可变换用途，非常适合住房面积小的家庭使用。例如沙发床折叠后即为沙发，沙发的下端又为储物柜，但结构复杂，容易磨损，使用时不方便。

整个客厅的家具布置应做到简洁大方，突出以谈话区为中心的重点，排除与起居无关的一切家具，这样才能体现客厅的特点。一个空间的使用功能在一定程度上是衡量生活水平高低的标志，并从其家具的布置上首先被反映出来。

（三）客厅的家具布置技巧

1. 旧物新用　旧的家具不一定不好，新的家具不一定适合。有时利用旧家具同样会创造出耳目一新的效果，同时也节省了成本。

2. 节制运用大家具　少用大型的酒柜、电视柜等，以使空间的分割单纯化。如果必须使用大型家具，则要以往角落放置为好，因为客厅布置应以宽敞为原则。

3. 多用收纳式家具　这样既有了放置物品的地方，又节约了空间。

4．选择合适的家具 购置家具时，客厅家具除了具备本身的实用价值之外，还要大方得体，让人感到温馨、亲切。

（四）客厅沙发的选择

1．舒适性 沙发的座位应以舒适为主，重点是松软适宜。其坐面与靠背均应以适合人体生理结构的曲面为好。

2．按空间大小 小空间宜用体积较小的实木沙发或小巧的布艺沙发，使房间剩余空间更大。同时可选择沙发坐板下面有储物空间类型的，取放物品方便，一物多用；大客厅放置较大沙发并配备茶几，才更方便舒适（图6-11）。

图6-11 大空间选择大沙发

3．因人而异 对中老年人来说，沙发坐面的高度要适中，若太低了，坐下、起来都不方便；对有孩子的夫妇来说，买沙发时还要考虑到安全性与耐用性，沙发不可有尖硬的棱角，其颜色也应鲜亮、活泼一些。

4．与风格协调 沙发的面料、图案、颜色往往对居室风格起主宰作用，所以先选购沙发，再购买其他客厅家具也许会减少不必要的损失。

七、客厅的照明设计

客厅是家庭成员活动的中心区，也是接待亲朋宾客的场所，所以灯光照明的设计不能马虎，要精心设计。

客厅的照明设计主要有两个功能，实用性和装饰性。实用性表现为人的行为、阅读报纸杂志、看电视、和家人或客人聊天等提供恰当的，合理的照明条件和设备；装饰性表现为从高处投射而下的筒灯、射灯等，烘托所布置的工艺品、书画、照片等装饰物，如放在沙发旁的落地灯，为聊天时营造出一种安静、祥和的气氛。

一般客厅的照明，既要有基本的照明，又要有重点和比较有情趣的照明，这样才能营造氛围。客厅的主体照明一般都是以亮度为标准，但决不能刺眼眩目，最好是可调节光源或者是可分层次开关的光源。当客厅人少时或看电视时，可关闭主体照明灯，开启地灯、茶几灯、落地灯等。

客厅照明的基本方式：

1．吊灯照明 吊灯照明适合于面积大、高度较高的客厅，如层高在3m以上、面积在20m²以上的客厅。以大型吊灯为中心的照明方式，特点是引人注目，因此吊灯的风格直接影响整个客厅的风格。目前市场上吊灯的款式繁多，其支架有纯铜、镀金、不锈钢、木器制作等。例如木制的中国宫灯与日本和式灯具，古色古香、纯朴典雅，富有民族气息；由许多研磨处理的水晶珠（球、片）串接而成的珠帘灯具，折射出五彩光芒，给人以兴奋、耀眼、华丽的感觉（图6-12）。灯罩也有很多种，如磨砂灯罩、羊皮灯罩、黄玉石灯罩、雪花石灯罩、铁制灯罩等。选择灯形时，要依据不同的装修风格、业主的职业、文化修养、个性等因素。一般吊灯的灯盏数及尺寸与房间大小有关，可参照有关的标准。

图6-12 吊灯照明

2．吸顶灯照明 这种照明适用于高度较低的客厅，如层高在3m以下的客厅。另外，面积在10m²以下的客厅宜采用单灯头罩吸顶灯，超过15m²的则应采用多灯头罩组合吸顶灯或花式吸顶灯。目前市场上出现很多新颖的吸吊灯，将吊灯的特点充分表现在吸顶灯上，使层高较低的客厅也能营造出金碧辉煌的气氛，其照明效果与气氛都比较好。选择的吸顶灯具一定要有上射光，且不可使用全部向下射的直接照明型灯具。

3．筒灯、射灯照明 这是典型的无主灯、无既定模式的现代流派照明，能变动地营造室内照明气氛。在顶面按照标准安装一组筒灯，使得光线分布均匀、空间照度一致；在客厅的顶上或墙上安装轨道系统，使迷你式小射灯能自主地向各角度照射。由于小射灯可自由变换角度，因而组合照明的效果也千变万化（图6-13）。

4．光带照明 光带照明是一种隐蔽照明，它将照明与建筑结构紧密地结合起来，其主要形式有两种：一是利用与墙平行的不透明装饰板遮住光源，将墙壁照亮，给护墙板、帷幔、壁饰带来戏剧性的光效果；二是将光源向上，使灯光经顶棚反射下来，使顶棚产生漂浮的效果，形成朦胧感，营造的气氛更为迷人。光带照明必须与其他照明方式相配合，如与吊灯、顶灯或筒灯相配合，效果会更好。

图6-13 筒灯、射灯照明

第七章 餐厅设计

餐厅是供家人进餐的空间，它的色彩、家具、照明，对促进食欲、融洽感情等都有着积极的作用，更使得疲惫的心灵在这里得到彻底的松弛和释放，为生活带来些许的浪漫和温情。餐厅在居室设计中虽然不是重点，却也是不可缺少的。

餐厅的设计具有很大的灵活性，可以根据不同的爱好以及居住环境来确定不同的风格，创造出各种情调和气氛。在设计上要求简单、便捷、卫生、舒适。

一、餐厅的功能认识

餐厅是家庭中必不可缺的空间，其主要突出的就是功能性强。如果餐厅够大，那么它起到的不仅仅是就餐的作用，也可起到会谈的作用，同时还可兼备喝茶、喝酒等作用。

二、餐厅的格局

1. 连体型餐厅　连体型餐厅是指餐厅一般位于客厅的一侧，与厨房相连，方便日常起居生活和厨房操作。这种格局是目前普遍存在的（图7-1）。

2. 独立型餐厅　独立型餐厅是指餐厅处在一个四壁围合的独立空间，一般贴墙放置酒柜

图7-1　连体型餐厅

图7-2　独立型餐厅

及装饰柜，餐桌椅独立居中，呈环形布局，一般用于使用面积较大的居室空间（图7-2）。

3. 隔断式餐厅　隔断式餐厅是指利用隔墙、屏风或装饰柜将餐厅从客厅或其他功能区分隔出来，形成一个独立的就餐空间（图7-3）。

图7-3　隔断式餐厅

三、餐厅的设计

餐厅的设计重点应放在实用和美观上。整个空间的主色调应以明朗轻快的颜色为主，特别是代表食品的颜色。这些色调有刺激食欲的功效，并给人带来愉悦的心情。在设计风格上，除考虑与整个居室的风格相一致外，氛围上还应把握亲切、淡雅、温暖、清新的原则。

如果餐厅面积较小，可考虑在餐桌靠墙的一面装上大的墙镜，既增强了视觉通透感，又能通过反光使居室显得明亮，整个空间也就显得开阔了许多。

餐厅设计的重点在以下几个方面：

1. 顶面 顶面应以素雅、洁净的材料作装饰，如涂料、木作、金属，并用灯具作衬托，如采用降低吊顶的方法，可使灯具的照明更具体，同时给人以亲切感（图7-4）。

2. 墙面 由于人在餐厅内的行为多表现为端臂状态，故可在墙面的中部考虑用些耐磨的材料，如选择一些木作、玻璃、镜子作局部护墙处理，并且可以与设计风格相配合，营造出一种餐厅特有的氛围（图7-5）。

3. 地面 餐厅空间的地面材料以各种瓷砖或复合地板为首选。因为这两种装饰材料都具有耐磨、耐脏、易清洗、花色品种多样等特点，符合餐厅空间的特性，使其不仅方便了家庭的使用功能，同时又方便了清洁。

4. 餐桌椅 通常情况下，餐厅的风格是由餐桌椅决定的。所以在购买餐桌椅时，就要先考虑居室的整体风格。例如玻璃餐桌应配合现代风格、简约风格；深色木餐桌应配合中式风格、简约风格或田园风格；浅色木

图7-4 餐厅顶面

图7-5 餐厅墙面

餐桌应配合自然风格、北欧风格；金属雕花餐桌应配合传统欧式（西欧）风格；简约金属餐桌应配合现代风格、简约风格、金属主义风格（图7-6）。

5. 餐桌布、垫 餐桌布、垫宜以布料为主，因为餐桌上会经常放置一些比较热的食物。假如使用塑料餐布，在放置热物时，应放置必要的厚垫；如是玻璃餐桌，则更应该使用布料材质

图7-6 餐桌椅的选择

的桌布，反之有可能会引起桌面受热而导致开裂（图7-7）。

6. 装饰品 字画、壁挂、风景画及特殊装饰物品等，只可用来点缀环境，要注意不可过多而喧宾夺主，让餐厅主题不明确、杂乱无章。还可在角落摆放一株绿色植物，或在竖向空间上点缀些绿色植物，来配合就餐的气氛，给人以清爽的心情。

图7-7 餐桌布、垫的选择

7. 色彩 食物的色彩能影响人的食欲，而餐厅环境的色彩也能影响就餐时的情绪。餐厅的色彩因个人爱好和性格不同而有较大差异。但总地说来，在色彩的使用上，宜采用暖色系，因为从色彩心理学上讲，暖色有利于促进食欲。如果空间较小可用淡色调，比如淡绿、粉蓝、

图7-8 色彩的选择

纯白等，以色彩来扩大空间感；若空间很大，则可以用重色来突出它的沉稳，再用轻快的色彩来点缀，以免整个餐厅显得太沉闷（图7-8）。

四、餐厅的家具布置

餐厅使用率极高，最基本的要求是方便、舒适、洁净。餐厅家具比较简单，主要由餐桌椅及酒柜两部分组成。

1. 餐桌椅　餐桌的大小要与环境相称，不应过大或过小；桌面应是耐热、耐磨的材料，如是玻璃材质的，则应配置桌布；餐桌椅的高度的配合需适当，应避免过高或过矮的餐椅。通常0.9m×0.9m

图7-9 六人桌

的4人桌所需空间在2.1m×2.1m左右；1.8m×0.8m的6人桌所占空间约在3.1m×2.25m；1.2m×0.75m的4人桌需要空间大约在2.25m×1.7m；直径1.2m的圆桌所占空间约需直径2.6m的范围（图7-9）。

2. 酒柜　酒柜是餐厅中放置碗、碟、酒水、饮器等的家具，布置形式无固定要求，根据空间的形式选择无窗的整齐墙面陈列即可。

五、餐厅的照明设计

餐厅的照明设计既能升华设计，也能破坏设计；可以突出餐厅的特色、氛围，也可暴露餐厅的缺陷。在设计餐厅照明时，需要注意艺术性和功能性，单纯地追求一个层面是不行的。餐厅的照明要求色调柔和、宁静，有足够的亮度，不但使家人能够清楚地看到食物，而且能与周围的环境、家具、餐具等相匹配，构成视觉上的整体美感。

图7-10 餐厅吊灯

吊灯往往是餐厅灯光的焦点，一般安装在餐桌正上方。作为一个装饰性组件，它可以提升整体装修的美感。嵌入式或轨道式灯具可提供一般照明，同时也能强调被照物品。嵌入式筒灯可以作为桌面上方吊灯的补充性灯光，也为桌面上的餐具提供了重点照明（图7-10）。

六、餐厅的设计原则

餐厅的设计原则包括以下几个方面：

1. 空间相对独立　最好能单独辟出一间餐厅，但目前我国大部分住宅并没有独立的餐厅，有的是与客厅连在一起，有的则是与厨房连在一起。所以，要通过一些装饰手段来人为地划分出一个相对独立的就餐区。例如，通过吊顶使餐厅的层高与客厅或厨房不同；通过铺设不同色彩、材质等地面装饰材料，在视觉上把餐厅与客厅或厨房分开；通过不同的墙面色彩、灯光来界定餐厅的范围；通过屏风、隔断在空间上分割出就餐区等。

2．使用方便、实用性强　不管餐厅设在哪里，都有一个共同点：必须靠近厨房，以便于上菜。除餐桌、餐椅外，餐厅还应配上酒柜，用来存放部分餐具、酒水、饮料等其他用品。

3．光线充足　中国人吃饭讲究"色"，即菜的颜色。因此，餐厅里的光线一定要好。除了自然光外，人工光源设计也很重要，光线既要明亮，又要柔和，可使用可以上下拉动的伸缩灯；也可通过筒灯等辅助光源来搭配主灯（图7-11）。

图7-11　人工光源设计

4．色彩合理　就餐环境的色彩，对人们的就餐心理影响很大。所以餐厅的色彩宜以明朗轻快的色调为主，最适合用的是橙色系列的颜色，因为它能刺激人的食欲。另外，桌布、窗帘、家具的色彩也要合理搭配，避免出现沉闷色彩以影响就餐心情。

图7-12　餐厅的美观实用

5．美观实用　地面材料应耐磨、耐脏、易清洗；家具的搭配以够用为原则，避免不必要的浪费；搭配花卉植物时，要注意花的颜色不要过多，以免影响就餐时，食物本身的味道（图7-12）。

第八章　厨房设计

　　厨房是现代家居生活的重要组成部分，人们的一日三餐基本上都在厨房里操作。传统概念中，厨房的主要功能就是做饭，然而随着我国经济的发展、中西方文化的交流，家庭厨房的功能也正在向着就餐、待客、家人聚会等多功能的方向而发展。但是，东方文化与西方文化毕竟存在着差距，这就需要根据自身的实际情况打造一个属于自己的厨房。

一、厨房的功能

　　1．操作功能　业主需要在厨房内进行烹饪准备、餐前准备和餐后整理等相关的各项工作，而这些工作需要占据一定的工作空间和尺度。例如在烹饪前需要完成对蔬菜、肉类等食品及餐具的洗涤工作；在休闲时需要对水果等食品进行清洗工作；完成日常家务清洗等工作。同时，要完成烹饪工作也需要在厨房中进行（图8-1）。

　　2．就餐功能　对于面积比较大的住宅而言，一般情况下，厨房内都会

图8-1　操作功能

留出临时就餐的空间。与小户型不同的是，大户型除了有一个主要就餐空间外，临时就餐空间是包含在厨房内的。目的是为了在家里人少或只有一个人用餐的时候就近完成，在一定程度上提供了方便。

　　3．存放功能　俗语说，开门七件事：柴、米、油、盐、酱、醋、茶。这些都是日常生活的必需品，需要一个专门的空间来存放，而厨房中的橱柜就恰好满足了这一要求，同时也保证了厨房空间的整洁。用餐的餐具、烹饪的厨具等也被安置在厨房里。另外，厨房中的家电设备也需要一定的空间来放置，如消毒

图8-2　存放功能

柜、冰箱、微波炉、灶具、油烟机等（图8-2）。

二、厨房的布局

　　1．一字形　一字形即把所有的工作区都安排在一面墙上，通常在空间小且狭窄的情况下采用。这样的布局使得所有工作都在一条直线上完成，节省了空间。但如果工作台太长，就会降低工作效率，建议把长度控制在2m以内（图8-3）。

图8-3　一字形

2. L形　L形是运用较为普遍的布局形式，将清洗、配料与烹调三大工作中心，按照顺序排列在L形橱柜空间。L形的两面最好长度适宜，以免降低工作效率（图8-4）。

图8-4　L形

3. U形　U形指工作区共有两处转角，和L形的功用大致相同，但对空间的要求较大。洗菜盆最好放在U形底部，并将配料区和烹饪区分设两旁，使洗菜盆、冰箱和灶台连成一个正三角形。U形之间的距离以1.2～1.5m为宜，使三角形总长在有效范围内。U形设计可配置更多的存放空间，加强了橱柜的使用功能（图8-5）。

4. 并列形　并列形是将工作区安排在厨房两边平行线上。在工作中心分配上，常将洗菜盆和配料区安排在一面，而烹饪单独放置在另一面（图8-6）。

5. 环岛形　环岛形根据一字形、L形、U形和并列形四种基本形态演变而成。如果厨房空间够大，可将工作区设计为岛形，在其上完成清洗、配料、烹饪等工作，周围可配置一圈橱柜，用作存放日常生活必需品。另外还可根据个人喜好，随心改变（图8-7）。

图8-5　U形

图8-6　并列形

图8-7　环岛形

三、厨房的基本设计原则

厨房设计的最基本原则是"三角形工作空间",意为洗菜盆、冰箱及灶台都要布置在适当位置,最理想的布置是呈三角形,相隔的距离最好不超过1m。当然,这要以保证符合业主的生活习惯为前提。

根据人体工程学的理论,橱柜下柜的常用高度为800~850mm,进深为550~600mm;上柜的常用高度为700~750mm,进深为350~400mm;上柜与下柜的间距为600~750mm。

如果橱柜设计了转角吧台,则吧台的高度为1000~1100mm,吧凳的高度为400~450mm。

厨房的设计应注意以下几点:

1)设计厨房应考虑其操作方便程度以及劳动强度,不可随意布置;厨房灶台的高度一般以距地面700~800mm为宜,适合大部分人的劳动条件;厨房设计布局应尽量符合"三角形工作空间"原则,前提是符合业主生活习惯及洗菜盆、灶台设备的安装、维修及使用安全。

2)由于厨房属于油烟重地,所以地面材料宜选用防滑陶瓷地砖,陶瓷地砖易于清洗且耐久性强;墙面同样宜选用易于清洗的陶瓷墙砖;顶面应选用防火、防潮、耐高温并易于清洗的装饰材料,如PVC扣板和铝扣板等;无论采用何种设计方式及材料,都不应影响厨房的采光、照明和通风效果,且适宜选用素雅明快的色彩,尽量不选用沉闷、浑浊的颜色(图8-8)。

图8-8 易于清洗的陶瓷墙砖

3)个人装修时,严禁私自移动煤气表等设备,且煤气管道应做明管,防止日后出现安全隐患。

4)厨房设计应美观与实用并存,且实用性居第一位;在设计灯光时,要考虑到局部照明,如洗菜盆、灶台等部位的照明应高于整体照明;另外,灯光的颜色一定要用白色,以免其他颜色的灯光影响业主对食物新鲜程度的判断。

5)虽然现有的人体工程学标准适合大多数人群,但在设计时,橱柜的尺寸还是要以业主的身材为依据。通常情况下,抽油烟机的高度与灶台的间距不超过800mm。但假如女业主的身高在1.80m以上,那么橱柜下柜高度加上抽油烟机与灶台的间距即800mm+800mm=1600mm,女业主在烹饪时,极有可能因免于碰到头部而影响劳动,从而加大了劳动强度(图8-9)。

图8-9 抽油烟机与灶台的间距

6）遇到厨房门开启与橱柜或冰箱门开启发生冲突时，应及时调整，否则会因为开启时极为不方便，从而影响日后的工作效率。

7）橱柜中的抽屉不宜多，一是成本较高，二是实用功能相对较弱。另外，橱柜的转折处不要设置抽屉，因为在开启的时候势必会影响到另一面的抽屉或柜门。

8）冰箱的设置应远离洗菜盆和灶台。因为在洗菜时，很容易因溅出水来而导致冰箱漏电；而灶台经常温度过高，并且油烟污染较大，这样会影响冰箱的正常工作（图8-10）。

图8-10　冰箱远离洗菜盆和灶台

9）由于厨房空间的特殊性，因此所有在表面使用的装修材料都必须具备防火、防潮、防水等性能，并要求耐久性强，易清洁。

10）厨房内不宜使用马赛克。因为马赛克虽然耐水防滑，但是由于块面较小，缝隙多，易藏污垢，且又不易清洁，因此不建议使用。

四、厨房的通风

由于在厨房工作时会产生大量油烟、煤气等对人体健康有害的气体，所以厨房的通风是现代化厨房设计装修中的重要一项。保持厨房的通风，配置相应的抽油烟设备，是现代厨房的基本条件。

常用的抽油烟设备有排风扇、抽油烟机两大类。

排风扇的优势是构造比较简单，易于随时清洗，安装、拆卸方便等，同时也具有一定的风力。排风扇一般分为单向式排风扇和双向式排风扇两种。对于厨房排油烟而言，由于其体积小、安装方便，为保证良好的排烟效果，可安装两个双向式的排风扇。

抽油烟机的优势是风力大、排烟效果好，一般具有自动启动、报警、盛油、照明等多种功能；缺点是由于构造复杂，清洗困难，需要专业人员安装和清洗。目前市场上出现很多"免清洗"的抽油烟机及一些强力清洗剂，但价格较高。

采用哪一种排烟设备，可依据厨房灶具的位置、房屋的结构、使用的频率和经济条件而定。

五、厨房的照明设计

厨房照明既要实用又要美观，要求明亮且清新，以给人整洁之感。

厨房对光线要求很高，因为光线对食物的外观也很重要，它可以影响人的食欲。另外，由于人们烹饪时要在厨房中度过较长的时间，所以光线应明亮温和而不刺眼，这样才能提高制作食物的热情。

厨房通常以吸顶灯作为整体照明，也可采用独立开关的射灯在厨房各个角度发挥局部光照作用。灯具的造型以功能性为主，实用大方，且清洁起来方便。

设计整体照明时，可在厨房顶面的中心位置设置嵌入式或半嵌入式散光型吸顶灯，嵌入口罩以透明玻璃或透明塑料为主，这样显得顶棚朴素大方，同时减少了灰尘、油污带来的麻烦（图8-11）。

由于厨房蒸汽多，比较潮湿，厨房灯具的选型应尽量简洁，灯具要用瓷灯头和安全插座，开关内部要防锈（内部零件为铜质），密封性要好。

图8-11　厨房照明

六、橱柜的安全设计

为了安全起见，设计厨房时要避免尖锐的突出角，如头顶上方的器具、抽油烟机等。应尽量利用圆角设计，避免受到不必要的伤害。

厨房内所用的电器设备一般包括照明灯具、微波炉、消毒柜、抽油烟机、冰箱、热水器等。在布设电线时应考虑使用频率的高低，分别设置数量不等、型制不同的插座。

厨房内一般使用液化石油气和天然气两种。供气单位所提供的控制表应远离明火，所连接的输气软管应设置妥当，避免因燃气泄漏而发生危险，从而造成不必要的损失。

在厨房中还要特别注意以下几点：

1）湿手不得接触电器和电器装置，否则易触电。电灯开关最好使用拉线开关或者带有保护措施的开关。

2）电源熔体不可用铜丝代替。因为铜丝熔点高，不易熔断，起不到保护电路的作用。应选用适宜的熔体或者安装空开装置。

3）灯头应使用螺口式，并加装具有防水功能的灯罩。

4）电饭煲、电炒锅、电磁炉等可移动的电器，用完后除关掉开关，还应把插头拔下，以防开关失灵。因为长时间通电会损坏电器，可能造成火灾。

第九章 卧室设计

人们生命过程中的三分之一，几乎便是在睡眠中度过的。由此可见，卧室在室内装饰装修中的地位是很重要的。

一、主卧室的设计和布局

（一）主卧室的设计

主卧室的设计必须依据主人的年龄、性格、爱好等，为主人提供一个宁静、舒适的睡眠环境；依据主人的意愿，为主人打造一个或宁静、或沉稳、或浪漫、或激情的私人环境。卧室是最能体现情调的空间，夫妻对卧室环境的期望属于一种心理感受的要求，它必须具备足够的安全感、适度的刺激感及能使人发挥想象的联想感（图9-1）。

图9-1 主卧室

1. 主卧室的地面 主卧室的地面应具有保暖性，不宜选用地砖、天然石材和毛坯地面等给人冰冷感觉的材质。通常宜选择地板和地毯等质地较软的材质。在色彩上一般宜采用中性或暖色调，如果采用冷色调的地板，就会使人感觉被寒气包围而无法入眠，影响睡眠质量。

2. 主卧室的墙面 主卧室的墙面不宜装饰过重，因为卧室中家具较多，而空间相对又小，人的视线基本上都集中到了家具上面。墙壁约有1/3的面积被家具所遮挡，所以墙面宜做简单装饰。可将床头上方的位置作为重点，稍加修饰，配合整体风格，烘托出卧室的氛围，也可以用壁灯、挂画、台灯等代替床头上方的装饰，以显得更加素雅（图9-2）。

图9-2 主卧室墙面

3. 主卧室的顶面 主卧室顶面设计的重点之一，是顶面吊顶的造型、颜色及尺度，直接影响到主人在卧室中的舒适度。一般情况下，卧室的吊顶宜简不宜繁，宜薄不宜厚。例如做独立吊顶时，不可与床离得太近，否则人会有压抑感。

4. 主卧室的色彩 主卧室的色彩应以统一、和谐、淡雅为宜，对一些比较厚重的颜色应慎重。

5. 主卧室的大小 主卧室不宜太大，以实用、够用为原则，不可使之有空旷的感觉。

（二）主卧室的布局

睡眠区是主卧室中最主要的部分，若卧室较为宽敞可把床居中布置，两边各配一床头柜。床的摆放一般是南北向，床头靠墙，三面留出一定的活动空间。一般情况下，卧室的面积在

图9-3　主卧室的布局

15～25m^{2}之间，除去必需的床、床头柜，还可搭配大衣柜、电视柜、休闲座椅等家具。如果有阳台或飘窗，还可设置一些茶艺、棋艺类的家具（图9-3）。

二、次卧室的设计

图9-4　次卧室

一般情况下，次卧室处于居室空间中部，和主卧室一样，也具有一定的私密性和封闭性。次卧室的主要功能是睡眠和学习，此外还应设有休闲、娱乐、更衣等空间，以满足各种不同的需要。所以，次卧室实际上是具有睡眠、娱乐、学习、看报、写信、储藏等综合实用功能的空间（图9-4）。

次卧室的设计从基本概念上来说，与主卧室没有太大的区别，但次卧室的设计必须依据主人的性别、年龄、性格、爱好等方面，设计出一个既可睡眠又可学习的舒适环境。如果主人是女性，还应考虑梳妆区的设计。

图9-5　次卧室学习区

由于次卧室的主人一般都处在求学期，所以学习区的设计是很重要的，要考虑书桌、电脑桌的空间设定。如果空间允许，次卧室的贮物区可设计成更衣室，将所有的衣物有序地纳入这个空间，这一形式在欧美较为盛行（图9-5）。

墙面的设计应以简单为主，可用涂料或者壁纸作装饰，也可利用一些字画、照片、装饰品等作点缀，既可丰富色彩，又可掩盖墙面的平淡。

总之，次卧室的设计要体现出宁静的书卷气。

另外，也有年轻夫妇把次卧室用作客房的。客房的用途主要是给来访客人或亲戚休息、睡眠之用。客房只要配备简单的五件套（一张床、两个床头柜、一个衣柜及一个矮柜）即可，不必选用繁琐的家具。如果住宅面积较小，也可把客房兼书房用。在这种情况下，睡床最好采用卡式床，没有客人使用时，可组合成一个装饰柜，既美观又节省空间，当客人要休息时，可翻下来成为一张睡床。

三、儿童房的设计

儿童房适合正处于幼儿期的小孩子来居住。一般情况下，儿童房由睡眠区、储藏区和游戏区组成。儿童房的主要功能是睡眠和娱乐，此外还应设有储藏空间。儿童房的设计应依据儿童心理和年龄的特点，根据其个性和日常活动特点来布置，在细节上下工夫，为儿童创造一个温馨、舒适、富有趣味的小天地。

图9-6 儿童房

1）安全性是儿童房设计时需要考虑的重点之一。由于儿童生性活泼、好动、好奇心强、自我防范意识和自我保护能力都很弱，所以容易发生意外。因此，安全性便成为儿童房装修设计的首要问题。在设计时需要特别注意，如在窗户上加设护栏，地面材质以柔软为主，家具要尽量避免棱角而采用圆弧形设计，避免碰撞危险，且必须坚固耐用、不易松动（图9-6）。

2）在装饰材料的选择上，无论墙面、顶面还是地面，都应选用无毒无味的绿色环保材料。在儿童房的装修中尽量使用天然材料，如木制材料，但天然石材应尽量避免使用，因为天然石材中具有放射性危害。此外，选择有害物质含量少、释放量少的材料比较好，即使用符合国家"室内装饰装修材料有害物质限量"十项标准的装饰装修材料。超过此标准的材料坚决不用，特别是对油漆、人造板、胶类产品等材料的检测要坚决把关。

图9-7 儿童房的地面

3）儿童房内尽量不使用大面积的玻璃和镜子等易碎材料。电源及插座要保证儿童的手指不能插进去，最好选用带有插座罩的插座。如有可能，最好将其设置在儿童够不到的地方，以免发生安全事故。

4）儿童房的地面应是装修的重点。在小孩子的眼中，地面是最自由的空间，他们喜欢在地板上爬、躺。因此，儿童房的地面材料不宜采用坚硬的大理石、花岗石和水泥地面等，也不宜铺上透气性差的地板革和难以清洗的地毯（图9-7）。最为理想的材料要数天然的实木地板了。实木地板由于材质具有温暖的触感，小孩子都喜欢与之亲近；而适中的软硬度又能有效地避免儿童因跌倒而摔伤，或者玩耍时摔坏物品；此外，实木地板良好的透气性，还能适当地调节室内的温度和湿度，从而保护小孩子的身体健康。

5）儿童房不要铺设泡沫拼图，因为它可能造成室内空气中的挥发性有机化合物质浓度增高，对孩子的健康产生隐患。另外，儿童房的地面不宜使用地毯，因为它既不易清洗，又容易吸附灰尘中的尘螨，对健康不利。

6）儿童房的门适宜采用实木门，门表面同样建议使用环保型油漆。最好不要使用由大芯板做门芯的复合门，因为它的甲醛含量和释放量都比较高。另外，儿童房还可采用钢化玻璃的夹层门，以增加房间的光亮度，也利于观察儿童在房间的活动。但是门体一定要结实，质量差的钢化玻璃夹层门易发生安全事故。

7）在儿童房设计中，应提前考虑预留部分展示的空间，如儿童喜欢在墙面随意涂鸦。可在墙面上挂一块白板或软木塞板，让孩子有一处可随性涂鸦、自由张贴的天地；或者预留一整面墙给孩子。这样不仅不会破坏整体空间，又能激发孩子的创造力。

另外，儿童在幼儿园或学前班的美术作品及手工作品、平时收集的玩具等，也可利用墙面或单独设

图9-8 儿童房展示架、柜

置一个展示架、柜来摆设，既满足孩子的成就感，也达到了趣味展示的作用（图9-8）。

第十章　书房设计

书房是读书、写字或工作的地方，需要宁静、沉稳的感觉，人在其中才不会心浮气躁（图10-1）。

图10-1　书房

一、书房的设计

传统观念中的书房是专门用来读书、写字的空间，空间相对较独立、功能较单一。传统中式书房从陈设到规划、从色调到材质，都表现出雅静的特征，因此也深得不少现代人的喜爱。在现代家居中，拥有一个古韵十足的书房、一个可以静心潜读的空间，自然是一种更高层次的享受。而现代书房的设计则包含了多种功能，并配置了相关设施，适合脑力劳动者和家庭办公族的需求。

书房作为工作、学习、私密会客的场所，需要一个安静的环境。在空间布置上，不宜与其他空间大面积相通，应设在一个单一封闭的空间内，避免喧闹，保持清静，从而提高功能使用效率。

图10-2　书房的照明与采光

书房设计的四要素：

1. 书房的照明与采光　书房作为主人读书、写字的场所，对于照明和采光的要求很高，写字台最好放在阳光充足但不直射的窗边。书房内一定要设有台灯和书柜用射灯，便于主人阅读和查找书籍（图10-2）。

2．环境要安静 安静对于书房来讲十分必要，门窗的密封性能要高。所以在装修书房时要选用那些隔声、吸声效果好的装饰材料，如地毯和厚实的窗帘都有吸声的效果。

3．装饰典雅 在书房中，除了书柜、书桌、计算机、座椅、沙发外，几件艺术收藏品，几株郁郁葱葱的花草，都会为书房增添几分淡雅和清新，提高主人的文化品位，显示主人的素养和底蕴。哪怕是几个古朴简单的工艺品，都可以为书房增添几分淡雅、几分清新（图10-3）。

图10-3　书房布置

4．秩序井然 对书房的整理要做到摆放有序、取之方便，如图书的摆放与管理、常用图书和不常用图书的分类等，都要方便整理，这样才能提高学习的效率。

二、书房的布置

书房主要的家具是写字台、书架、书柜及座椅或沙发。书房中的家具主要围绕读书、写字及收藏来设置。通常功能性较强的书房仅考虑书桌、靠背椅及书橱就够了，但有的书房还兼作会客室，还必须增加休息椅或沙发。在休息和会客时，沙发宜软且低些，使双腿可以自由伸展，求得高度舒适，消除久坐后的疲劳感。

书架的放置并没有一定的准则。非固定式的书架只要是拿书方便的场所，都可以放；入墙式书架或吊柜式书架，对于空间的利用较好，也可以和音响装置、唱片架等组合运用；半身的书架靠墙放置时，空出的上半部分墙壁可以配合壁画等

图10-4　书架的放置

饰品；落地式的大书架摆满书后的隔声性并不亚于一般砖墙，摆放一些大型的工具书，看起来比较壮观，放置于和邻家相邻的那边墙上，隔声效果更添一层。书橱一般都是选择沿整面墙放置。不过也有窗户小或空间特殊的书房，书桌可沿窗或背窗设立，也可与组合书橱成垂直式布置（图10-4）。

书房中的空间主要有收藏区、读书区、休息区。对于小面积的书房，收藏区适合沿墙布置；读书区适合靠窗布置；休息区占据余下的角落。而对于15m²以上的大书房，布置方式就灵活多了，如圆形可旋转的书架位于书房中央，有较大的休息区可供多人讨论，或者有一个小型的会客区。

喜欢读书的人，大多都有理性的一面，讲究秩序。面对众多的藏书，可以将书柜分成很多格子，将所有藏书分门别类，然后各归其位。这样，需要书的时候，依据分类的秩序，就省去了到处找书的麻烦。藏书太多，不妨将书柜做得高一些，取时借助一把小扶梯。

单一的书房空间比较窄小，布置形式要因地制宜，主要以书柜和书桌为主，列出合理的位置关系。一般有下列几种布置形式：

1. 图形　图形是指将书柜布满整个墙面，书柜中端延伸出书桌，而书桌却与另一面墙之间保持一定距离，成为通道。这种布置适合于藏书较多，开间较窄的书房。

2. L形　L形是指书桌靠窗放置，而书柜放在边侧墙处，工作、学习时取阅方便，中间预留空间较大（图10-5）。

图10-5　L形

3. 平行形　平行形是将墙面满铺书柜，作为书桌后的背景，而侧墙开窗，使自然光线均匀投射到书桌上，清晰明朗，采光性强，但取书时需转身，也可使用转椅。

4. 随意形　随意形是指书柜与书桌不固定在墙边，可任意摆放，任意旋转，十分灵活，适合年轻人追求多变的生活方式（图10-6）。

图10-6　随意形

第十一章 卫生间设计

图11-1 卫生间

卫生间作为家庭的洗理中心，是个人生活中不可或缺的一部分。它是一个极具实用功能的地方，也是家庭装饰设计中的重点之一（图11-1）。

卫生间设计要讲究实用，考虑卫生用具和装饰的整体效果。根据卫生间面积的大小，一般应注意整体布局、色彩搭配、卫生洁具选择等要领，使卫生间达到使用方便、安全舒适的效果。要合理分隔浴室，减少便溺、洗浴、洗衣和化妆、洗脸等的相互干扰。现代卫生间的功能已由单一的用厕，向着多功能的方向发展。

一、卫生间的布局

图11-2 卫生间布局

在布局上来说，卫生间大体可分为开放式布置和间隔式布置两种。开放式布置就是将浴室、坐便器、洗脸盆等卫生设备都安排在同一个空间里，是一种普遍采用的方式；而间隔式布置一般是将浴室、坐便器布置在一个空间，而让洗漱空间独立出来，也就是现在所提倡的干湿分离（图11-2）。

二、卫生间的设备

从设备上来说，卫生间一般包括卫生洁具和一些配套设施。卫生洁具主要有浴缸、蒸汽房、洗脸盆、坐便器、沐浴房、小便斗等；配套设施如整容镜、毛巾架、浴巾环、肥皂缸、浴缸扶手、化妆橱和抽屉等。考虑到卫生间易潮湿这一特点，应尽量减少木制品的使用。

三、卫生间的照明

卫生间的整体照明，应采用不易产生眩光的灯具和措施。为了掩饰影响观感的各式管道，经过吊顶处理后的卫生间，难免低矮了一些。而处于整体照明地位的顶棚光源，距离人的视平线就相对近了。因此要采取一定的措施，使之光线照度适宜，没有眩光直刺入目（图11-3）。

图11-3 卫生间的整体照明

如果卫生间比较小，只在整容镜旁设置灯具就可以；若面积大，还应安装基本照明，可采用吸顶灯或壁灯。在卫生间灯具的选择上，应以具有可靠防水性与安全性的玻璃或塑料密封灯具为主。玻璃本身有一定的重量，所以在安装时，要牢固、安全。塑料密封灯表面有凸凹的浮雕花纹，能产生良好的散射光线，但这类材料耐热程度往往较差，受温度影响后，容易变形，影响效果。因此，选择灯具时就要考虑采用低温的荧光灯等。在灯饰的造型上，当然可根据自己的兴趣与爱好选择，但在安装时不宜过多，位置不可太低，以免累赘或发生溅水、碰撞等意外。

四、卫生间的通风

卫生间最好有直接对外的窗户，这样不仅可以接受自然光，而且通风效果好。如果没有直接对外的窗户。就需要安装一个排风扇。排风扇的位置要靠近通风口或安装在窗户上，以便直接将卫生间内的气体排出（图11-4）。

图11-4　卫生间通风

第十二章 绿化设计

在装修完工后，人们普遍喜欢在室内布置各种绿色植物、花卉等净化室内空气质量、陶冶情操、美化环境，这被称为绿化设计。绿化设计也是环保设计的一种方式。

一、绿化设计的作用

1. 调节室内环境　当代城市环境污染日益恶化，人们迫切需要良好优异的生存环境，尤其是搬入刚装修完的新家中，居住环境就显得尤为重要。普通绿叶植物通过接受光照发生光合作用，吸收二氧化碳，释放氧气，从而起到净化室内空气的作用；绿色植物的茎叶通过吸热和蒸发水分可降低气温，在不同季节则可相对调节温度。另外，刚装修完的新房内含有高密度甲醛或一氧化碳等有害气体，部分植物还可吸收多种有害气体，从而改善空气质量，如吊兰、虎皮兰、肾蕨等，都能使居室环境更加清爽、洁净（图12-1）。

图12-1　改善空气质量

2. 分隔、引导室内空间　使用绿化植物分隔功能空间十分普遍，如在客厅与餐厅间的走道上、餐厅与厨房间的酒柜边都可放置绿色盆景植物，以明确不同空间之间的界线。

对于重要的部位，如正对出入口、起到屏风作用的绿化，还需作重点处理，这种分隔的方式大都采用地面分隔方式，如有条件，也可采用悬垂植物由上而下进行空间分隔。布置醒目的、名贵的、富有装饰性的植物，则能强化重点，突出功能空间的作用（图12-2）。

绿化在室内连续布置，从一个空间延伸到另一个空间，特别是在空间的转折、过渡、改变方向之处，更能发挥独特的整体效果。在绿化布置的连续和延伸中，如果有意识地强化其突出、醒目的效果，那么，通过视线的吸引，就起到了暗示和引导作用。其方法一致、作用各异，在设计时应注意区别对待。

3. 美化室内空间　绿化植物的自然形态千变万化、色彩丰富、生机勃勃，与方正端直的室内墙体、家具构造形成鲜明对比，使居室空间更具亲和力。例如藤蔓类的植物，枝条修长，可从一侧墙面攀缘至另外一侧，甚至跨越吊顶天花、家具造型，在视觉上可缓和垂直边角对人造成的僵硬感。

图12-2　引导室内空间

图12-3　陶冶情操

4. 陶冶情操　不同绿色植物的形态、颜色、气味等均有不同，适宜不同消费者的品味。选择自己喜好的绿色植物可引导人们热爱生活、热爱生命、崇尚自然的健康心态。在日常生活中，保养、修剪绿色植物也能起到锻炼身体、净化心灵、开拓思维的益处（图12-3）。

二、绿化设计的布置方式

1. 重点装饰　在室内活动的重点部位，如客厅茶几上方、餐厅餐桌上方等重要位置摆设较为醒目的绿色植物，如色彩鲜艳的盆花、姿态异形的枝干都可达到烘托空间主体、强化居室生活核心部位的作用（图12-4）。

图12-4　重点装饰

图12-5 边角点缀

2．边角点缀

由于绿色植物姿态不一，一般用于弥补居室空间边角的闲余空间，因为此类空间一般难以放置各种家具和陈设，而形态不一的绿色植物是首选。例如客厅沙发转角处、餐厅酒柜边角处、卧室床头柜与衣柜的衔接处，都是绿色植物的最佳布设点（图12-5）。

3．垂直绿化　垂直绿化通常采用由上至下的悬吊方式，利用装饰吊顶造型、装饰墙面、贴墙装饰柜和楼梯扶手等凸凹结构，由上至下吊挂绿色植物。这种布设方式充分利用空余部位，不占用地面流通空间，并形成良好的绿色立体氛围。尤其是通过成片的垂落枝叶组成虚实相间的绿色隔断，情景优美，令人陶醉。

4．沿窗布置　绿色植物靠近窗户可接受更多的日照，完成良好的光合作用过程，并且从室外观望能看到良好的室内景观，给人以亲切感、愉悦感。

5．结合家具、陈设等布置　室内绿化除了单独落地布置外，还可与家具、陈设、灯具等室内物件结合布置，相得益彰，组成有机整体。

6．组成背景　绿化的另一作用，就是通过其独特的形、色、质，不论是绿叶或鲜花，不论是铺地或屏障，都能集中布置成片的背景（图12-6）。

图12-6 组成背景

三、植物的种类

可在室内布置的植物种类繁多、形态各异、名称复杂，一般可按性质分为木本植物、草本植物、藤本植物和肉质植物。

1．木本植物　木本植物的植物体木质部发达，茎坚硬，多年生。木本植物因植株高度及分枝部位等不同，可分为乔木、灌木和半灌木。乔木为高大直立的树木，高达5m以上，主干明显，分枝部位较高，如松、杉、枫杨、樟等，它们有常绿乔木和落叶乔木之分；灌木比较矮小，高在5m以下，主干不明显，分枝靠近茎的基部，如茶、月季、木槿等，有常绿灌木及落叶灌木之分；半灌木为多年生植物，但仅茎的基部木质化，而上部为草质，冬季枯萎，如牡丹。常用木本植物有杜鹃（图12-7）、玫瑰、月季、玉兰、海棠、石榴等，色泽艳丽多样，观赏性极佳。

图12-7　杜鹃

2. 草本植物　草本植物的植物体木质部较不发达至不发达，茎多汁，较柔软。草本植物按生活周期的长短，可分为一年生草本、二年生草本和多年生草本。一年生草本是在一个生长季节内就可完成生活周期的，即当年开花、结实后枯死的植物，如水稻、大豆、番茄等；二年生草本在第一年生长季（秋季）仅长营养器官，到第二年生长季（春季）开花，结实后枯死的植物，如冬小麦、甜菜、蚕豆等；多年生草本是能生活二年以上的草本植物。有些植物的地下部分为多年生，如宿根或根茎、鳞茎、块根等变态器官，而地上部分每年死亡，待第二年春又从地下部分长出新枝，开花结实，如藕、洋葱、芋、甘薯、大丽菊等；另外一些植物的地上和地下部分都为多年生的，经开花、结实后，地上部分仍

图12-8　万年青

不枯死，并能多次结实，如万年青、麦门冬等。常用草本植物有文竹、万年青（图12-8）、兰花、水仙等。这一类植物以观赏茎干形态为主，色泽较为单一，但品味较高，适合中老年消费者。

3. 藤本植物　藤本植物的植物体细长，不能直立，只能依附别的植物或支持物，缠绕或攀援向上生长的植物。藤本植物依茎质地的不同，又可分为木质藤本(如葡萄、紫藤等)与草质藤本(如牵牛、长豇豆等)。常用藤本植物有爬山虎（图12-9）、紫藤、金银花等，具有很大的观赏价值。

图12-9　爬山虎

图12-10　仙人掌

4. 肉质植物　肉质植物指具有肉质茎干的植物，这一类植物茎干肥大、夸张。常用肉质植物有仙人掌等，给人以稳重、端庄的感觉（图12-10）。

四、植物布置的选择

选择绿色植物应根据个人性格喜好、植物自身特性和居室环境等多方面来考虑。例如松柏象征坚贞不屈；文竹表达人的虚心谅解、清高雅致；梅花则赞美不畏严寒、纯洁高尚的品格；荷花表现出淤泥而不染、廉洁朴素。

常用室内植物的特性如表12-1所示。

表12-1 常用室内植物的特性

名 称	形 态	观赏特性	习 性
万年青（铁扁担）	长绿草本；叶绿果红；叶自根状茎丛生	盆栽、地栽，观叶、观果、	喜温暖、阴湿，不耐涝，忌强光；夏季半阴，冬季阳光充足；宜酸性土壤；6~7月开花，12月结果；枝叶的汁液及果实有毒，误食会伤害声带、咽喉
一叶兰（蜘蛛抱蛋、一帆青）	常绿草本；匍匐茎上生细长叶片；叶深绿，形似蜘蛛卵的浆果	盆栽、地栽，观花、观叶、	喜温暖、耐湿，极耐阴；忌暴晒，忌积水
棕竹（观音竹）	常绿丛生灌木；茎干直立，不分枝；叶形清秀，棵形矮小，生长缓慢	盆景、盆栽，观叶	耐阴、耐旱、喜温暖，湿润；宜肥沃的砂质土壤；不耐寒，忌阳光暴晒；宜20~30℃，越冬8~10℃
文竹（云竹）	常绿草质藤本；茎蔓性丛生，细柔有节；叶纤细如羽毛状，水平展开	盆栽，观叶；切花辅料，花篮配饰	喜温暖、湿润，略荫蔽环境；忌霜冻，畏强光、干旱；宜疏松、肥沃、排水良好的土壤；宜15~25℃；越冬>10℃
吊兰（绿色仙子、桂兰）	常绿草本，根、叶均似兰叶间抽出匍匐枝，品种繁多	盆栽、悬吊，观叶	喜温暖、湿润，宜砂质土壤，喜肥；宜半阴，忌阳光直射；宜24~30℃，越冬>10℃；能吸附毒气，夜间释放氧气
常青藤	常绿、攀缘、藤本；叶面暗绿，背面黄绿或苍绿，叶脉白，卵形成菱形；花黄色	盆栽、攀缘、悬吊；观叶、观花、肥蔓	喜阳光；宜肥沃、疏松、排水良好的培养土；耐阴，较耐寒；越冬>10℃；花期在10月
玉米石（仙人葡萄）	丛生肉质草本；叶肉质，亮绿色，带红晕，卵形；株丛小巧	小型盆栽；观叶	喜阳光充足；宜排水良好的砂壤；耐半阴、耐旱
山影拳（山影）	仙人掌类植物，变态茎，色浅绿至深绿，带毛刺，形似奇峰怪石，如山石盆景	盆栽、盆景，观茎；可作砧木	喜阳光充足，耐半阴；喜排水良好的砂质土，肥水不宜多；越冬>5℃；需防刺扎人
金琥（象牙球）	茎圆球形，球顶密拔金黄色绵毛，有21~27棱，密生硬刺；花生顶部，钟形	盆栽（可做大、中、小型）；观球、观花	喜温暖干燥、阳光充足、肥沃含石灰质的砂质土壤；耐干旱，忌涝、不耐寒；越冬>10℃；钩毛扎人，勿触摸
发财树（大果木棉）	常绿乔木；主干挺拔、坚韧，幼苗枝条柔韧，可结成瓣状，掌状复叶，形椭圆；全年青翠	盆栽；制桩景、盆景	喜高温、阳光充足；较耐阴、耐旱、不耐寒；忌阳光直射；盆栽时宜肥沃、疏松的土壤；越冬>10℃

（续）

名　称	形　态	观赏特性	习　性
巴西木（巴西铁树）	常绿乔木；直干，偶有分枝；叶簇生于茎顶，鲜绿光亮；盆栽高50~100cm；生长缓慢	盆栽；观叶	喜高温、多湿、光线充足；耐阴性好，对环境适应性强；少病虫害
马蹄莲（慈姑花）	宿根草木，箭形叶，绿而有光；花白或黄、粉，漏斗形；在3~5月开花，有香气	中型盆栽、地栽；插花；观花、观叶	喜温暖、湿润、阳光充足；忌阳光直射，不耐寒冷、干旱；越冬5~10℃
杜鹃花（山石榴、映山红）	品种极多，有春鹃、夏鹃、西鹃，花色鲜艳，花果繁密	盆栽、地栽；观花	喜疏松、含腐殖质酸性土壤；忌烈日暴晒；于向阳处可越冬
扶桑	叶色、叶形似桑，花朵单生于植株上部，半下垂；有单瓣、复瓣之别；花心细长，伸出花外；花色多，花期长	盆栽、地栽；观花	喜温暖、光照、不耐旱、不耐霜冻，15~20℃可开花不断，北方需室内越冬，以肥沃的砂质土为好
秋海棠（相思草）	草本，叶斜卵形，有细毛，花粉红；花期在4~11月，也有四季开花的四季海棠；品种繁多，约20余个品种	盆栽、地栽；观叶、观花	喜光、温暖，怕干旱、水涝，盆栽要选用排水良好、肥沃的砂质土，室内越冬
茉莉	常绿小灌木，叶卵形对生，花白色、极香；花期长，初夏至晚秋花开不绝	盆栽、地栽；观花、观叶；有浓香	喜阳光充足、炎热潮湿气候、极畏寒，不耐干旱渍涝，喜肥宜微酸性砂质土壤，25~35℃最好，冬季不低于5~8℃
兰花	草本；50余个品种；四季常青，宿根花卉；叶形潇洒、花香清幽，颜色脱俗	盆栽；闻香、观花叶	温暖、湿润、爱阴凉，适于土层深厚、腐殖质丰富、疏松、透水性好的酸性土

第十三章 家具布置

一、家具的种类

随着居家装饰的不断升级，作为居室中最重要的家具，也发生了明显的变化。家具已从过去单一的实用性转化为装饰性与个性化相结合。

（一）实木（全木）家具

实木（全木）家具即家具的主体全部由木材制成，只少量配用一些胶合板等辅料。实木家具一般都为榫卯结构，主要使用松木、杉木、杨木、椴木、梨木、柳木、檀木等原始木材，通过切锯成板材、方材后，相互拼接构造而成。其木质纹理、色泽美观，亲和力较强，档次和价格较高（图13-1）。

图13-1 实木(全木)家具

实木家具的另一大类是硬木家具，也叫作中式家具。硬木家具是一种艺术性很强的家具。它是按照我国明清家具传统款式和结构，特定的榫卯结构，采用花梨、紫檀等名贵木材加工制成，这类家具有很高的收藏价值。

（二）板式家具

板式家具又叫人造板家具。其主体部件全部经表面装饰的人造板材、胶合板、刨花板、细木工板、中密度纤维板等制成，也有少数产品的下脚用实木。这一类家具取材方便、制作成本低廉，一般使用机械车床加工，外贴饰面材料，色彩、纹理丰富多样，可分解组装，变化性强。由于我国木材资源短缺，所以板式家具是当今市场家具的主流，且多数为拆装结构（图13-2）。

图13-2 板式家具

（三）金属家具

金属家具使用金属型材构成，以钢管等金属为主体，

并配以钢板等金属或人造板等辅助材料制成。金属家具利用金属高强度的特点作为家具的支撑结构，但与人相接触的部分，如坐、靠背、扶手等部件仍然采用木材、皮革、塑料等型材，材质对比度强，轻巧美观（图13-3）。

金属家具还具有以下优势：

1. 个性化　现代金属家具的主要构成部件大都采用厚度为1～1.2mm的优质薄壁碳素钢不锈钢管或铝金属管等制作。由于薄壁金属管韧性强，延展性好，设计师设计时可以匠心独具，充分发挥想象

图13-3　金属家具

力，加工成各种曲线多姿、弧形优美的造型和款式。许多金属家具形态独特、风格前卫，展现出极强的个性化风采，这些往往是木质家具难以比拟的。

2. 色彩丰富　金属家具的表面涂饰可以说是异彩纷呈，可以用各种靓丽色彩的聚氨酯粉末喷涂，也可以用光可鉴人的工艺；可以是晶莹璀璨、华贵典雅的真空氮化钛或炭化钛镀膜，也可以是镀钛和粉喷两种以上色彩相映成辉的完美结合。金属家具集使用功能和审美功能于一体，有些高品位的金属家具还具有收藏价值。

3. 品种多样　金属家具的品种十分丰富，适合在卧室、客厅、餐厅中使用的家具一应俱全。这些金属家具可以很好地营造家庭中不同空间所需要的不同氛围，也能使家居风格多元化和更富有现代气息。

4. 具有折叠功能　金属家具中许多品种具有折叠功能，不仅使用起来方便，还可节省空间，在使用面积有限的家庭居住环境中相对宽松、舒适一些。

（四）竹藤家具

竹藤家具使用竹材、藤材编织构成。这种家具充分利用竹藤等自然资源，具有传统特色。竹、藤家具色泽美观，质地坚韧、富有弹性、加工方便，但易被虫蛀，因此不宜清洗。在居室装修中可适当选用（图13-4）。

图13-4　竹藤家具

　　竹藤家具吸湿、吸热，不易变形、开裂、脱胶等，各种性能都相当于或超过中高档硬杂木家具。至于制作更讲究一些的竹材家具，通常选用产自桂、湘、赣的优质楠竹。经检测，其顺纹抗拉强度为樱桃木的2倍、杉木的2～5倍。

　　另外，竹藤家具除了本质上的优点外，还具有较高的装饰性和观赏性。通过巧妙编制，

竹藤家具的花样和款式都较以往有极大的丰富，样式更新，款式更多。其色彩为自然天成的色泽，给人以田园般的情怀，也正因为其自然的色彩，所以便可以和任意款式的家具相匹配，没有刺眼的反差和不协调，反而会增添几分典雅、几分质朴。

（五）塑料家具

　　塑料家具的整体或主要构件使用塑料材料制作而成。塑料成本低、重量轻、强度高、色彩丰富，尤其是在家具制造中使用的合成树脂(工程塑料)，具有稳定的物理性能和化学性能，被家具装饰广泛采用（图13-5）。

　　塑料家具还具有以下优势：

　　1. 色彩绚丽，线条流畅　塑料家具色彩鲜艳亮丽，除了常见的白色外，赤橙黄绿青蓝紫等各种颜色都有。而且还有透明的家具，其鲜明的视觉效果给人带来视觉上的舒适感受。同时，由于塑料家具都是由模具加工成型

图13-5　塑料家具

的，所以具有线条流畅的显著特点，每一个圆角、每一条弧线、每一个网格和接口处都自然流畅，毫无手工的痕迹。

　　2. 造型多样　塑料具有易加工的特点，所以这类家具的造型具有更多的随意性。随意的造型表达出设计者极具个性化的设计思路，能通过一般的家具难以达到的造型来体现一种随意的美。

　　3. 轻便小巧　与普通的家具相比，塑料家具给人的感觉就是轻便，不需要花费很大的力气，就可以把它轻易地搬拿，而且即使是内部有金属支架的塑料家具，其支架一般也是空心的或者直径很小。另外，许多塑料家具都有可以折叠的功能，所以既节省空间、使用起来又比较方便。

　　4. 便于清洁　塑料家具脏了，可以直接用水清洗，简单方便。另外，塑料家具也比较容易保护，对室内温度、湿度的要求相对比较低，广泛地适用于各种环境。

（六）玻璃家具

玻璃家具是以玻璃为主要构件的成品家具，主要使用钢化玻璃于家具的外部饰面和局部承接面，搭配相应的金属构件，晶莹透亮，现代感强。

玻璃的透明特性本身就带有一定的艺术观赏性。目前，由它制成的家具产品多是由铝合金、不锈钢、镀金钢管、镀钛、喷塑的金属和原木支架支托，带有象征性和动态的张力，使得这类家具更具立体形态。与木制家具相比，它显得更活泼多样。它的象征意义也耐人寻味，因此深受现代风格室内装修业主的钟爱（图13-6）。

图13-6　玻璃家具

（七）石材家具

石材家具是指以天然石材或人造石材为整体或局部构件的家具。石材纹理丰富、色泽稳重、装饰性强，让家居氛围显得更硬朗大气（图13-7）。但其承重结构需要配合金属、木材支架制作，以防石材断裂。

图13-7　石材家具

二、家具的布置

家具是房间布置的主体部分，对居室的美化装饰影响极其深远。家具摆设的合理搭配不仅能令居室美观化，而且十分实用，能为生活带来方便。在布置家具时，既要考虑形式美的原则，即均衡与稳定、重复与韵律、对比与微差、重点与一般等方面的内容，同时也必须充分考虑功能的要求，使家具布置得更合理、更美观。

家具布置的流动美，是通过家具的排列组合、线条连接来体现的。直线线条流动较慢，给人以庄严感。性格沉静的人，可以将家具排

图13-8　家具的排列组合

列得尽量整齐一致，形成直线的变化，使人感到居室典雅、沉稳（图13-8）；曲线线条流动较快，给人以活跃感。性格活泼的人，可以将家具搭配得变化多端一些，形成明显的起伏变化，使人感到居室活泼、热烈。

（一）实用性

在布置家具时，不但应该考虑家具本身的尺寸，还必须考虑人们使用家具所需要具备的使用空间。否则的话，很可能造成柜门无法打开、抽屉无法拉开、人坐下不舒服、床单难以更换等一系列使用不便的状况，这将影响家具功能的正常发挥。

此外，还应考虑使用家具时所需的周边环境要求。例如在工作学习时，一般需要一个光

线充足、气流通畅的小环境，而在睡眠时希望有个相对较暗的环境。因此在布置家具时，可以把书桌和桌子等一类家具布置在窗口附近，而把床放置在光线较暗的地方，这样就能做到各得其所。为了通风，一般情况下，高大的家具宜贴墙设置，不宜布置在窗口，以免阻挡气流和造成面积的阴影。

（二）空间性

在小面积的室内空间中，如何充分利用空间亦是布置家具时必须考虑的因素。针对使用家具时必须具有的使用空间，可以通过在其中设置一些可以移动的家具，如椅子、凳子来充分利用这一部分空间；也可以使家具之间的使用空间互相重叠，或使家具的使用空间与人的

活动空间重叠，来提高空间的利用率；对于房间角落的空间，有时可通过斜向45°的家具而加以充分利用；为了形成比较宽敞的空间感觉，还应当尽量把空地集中起来，不宜使之过于零散（图13-9）。

同时，还可以通过设置壁式家具、悬挂式家具和可变式家具来充分利用室内空间。壁式家具常占有一面或多面墙面，做成固定式或活动式，能充分利用空间，只要高度适当、构造牢固，使用亦很方便。可变式家具平时占有很小的面积或根本不占面积而附着在墙或家具表面上，但在使用时却可以扩大其使用面

图13-9　家具的空间性

积，或从墙面、家具表面上翻下使用，灵活方便，充分利用了空间，这类家具必须设计巧妙、构造经久耐用。

此外，还可利用家具的重叠布置来充分利用空间。例如把床和柜组合在一起，使下面形成了一个适于学习的小天地；或者也可以交错布置两个单人床位，留出了较大面积来布置工作和休憩区域，更为经济。

（三）功能性

家具不但具有很强的实用性，而且可以通过家具布置把室内空间划分成若干个相对独立的功能区域。室内设计中可以充分发挥家具作为空间限定元素的作用，使之在原空间中划分出若干相对独立的功能区域，以满足不同活动的需要（图13-10）。

在小面积住宅中，一个房间常常需要满足多种功能的要求，用家具分隔空间尤其能起到较好的作用。在一个兼有书房和会客室功能的房间内，通过家具把空间一分为二，比较明亮的窗部分为工作学习区；而光线较暗又位于入

图13-10　家具的功能性

口附近的部分作为会客区。这样，即使客人来访，对于工作区的影响也就减少了，可保证工作区的安静。当然，如果不采用从顶到底的家具来分割空间，而是采用比较低的家具来划分，那么整个室内的整体性便会得到加强，但会有所干扰。

（四）和谐性

1. 家具的大小和数量应与居室空间协调　住房面积大的，可以选择较大的家具，数量也可适当增加一些。家具太少，容易造成室内空荡荡的感觉，且增加人的寂寞感。住房面积小的，应选择一些精致、轻巧的家具。家具太多太大，会使人产生窒息感与压迫感。注意，家具的数量更应根据居室面积而定，切忌盲目追求家具的件数与套数（图13-11）。

图13-11　家具的和谐性

2. 家具与住房的档次也应协调　高级的现代住宅，应配置时髦的家具；古老的深宅大院，应配置古色古香的硬木家具；一般的住宅，应选与之相适应的家具。居室较大的，除选用主要家具外，还可选一些小的茶几、扶手椅等，以填补角落空白；居室较小的，宜选用组合家具、折叠家具或多用途家具。家具与住房匹配了，就会产生一种视觉上的美感。

（五）统一性

购买家具最好配套，以达到家具的大小、颜色、风格和谐统一，以及线条的优美、造型的美观。家具与其他设备及装饰物也应风格统一，有机地结合在一起。例如平面直角彩电，应配备款式现代的组合柜，并以此为中心配备精巧的沙发、茶几、壶碗等；窗帘、灯罩、床罩、台布等装饰物的用料、式样、图案、颜色也应与家具及设备相呼应。如果组合不好，即使是高档家具也会显不出特色，失去其应有的光彩（图13-12）。

图13-12　家具的统一性

（六）调和性

室内家具与墙壁、屋顶、饰物的色彩要调和，室内与室外的色彩也要调和。色彩的搭配应使人感到愉快，一般以浅色淡色为宜，尽可能不要超过两种颜色。如果墙壁是浅色调，家具最好也是浅色调的，床罩、窗帘最好也选用淡雅、明快的图案，这样看起来比较舒服。如果选用较热烈的颜色，如房顶是茶色、墙面是红色、地面是棕色的居室，就应选用黑色的家具、红色的装饰物

图13-13　家具的调和性

或金黄色的织物等，以显得吉庆而富有刺激性。布置时，还要注意简洁卫生，给人以光洁明亮、一尘不染之感（图13-13）。

（七）合理性

居室中家具的空间布局必须合理。摆放家具要考虑室内人流路线，使人的出入活动快捷方便，不能曲折迂回，更不能造成使用家具的不方便。摆放家具时还要考虑采光、通风等因素，不要影响光线的照入和空气流通。床的摆放位置一般是室内安排的关键，要放在光线较弱处。房间较小的，可以使床的一面或两面靠墙，以减少占用面积；房间较大的，可以安置成能

图13-14　家具的合理性

两面都能用的。大立柜应避免靠近窗户，以免产生大面积的阴影。门的正面应放置较低矮家具，以免产生压抑感（图13-14）。

（八）均衡性

家具的摆放最好做到均衡对称。例如床的两边摆放同样规格的床头柜，茶几两边摆放同样大小的沙发等，以求得协调和舒畅。当然也可以做到高低配合、错落有致，给人以动感和变化的感觉。此外，平面布置和立面布置要有机地结合，家具应均衡地布置于室内，不要一边或一角放置过多的家具，而另一边或一角比较空荡；也不要将高大的家具集中排列在一起，以免和低矮家具形成强烈的反差。要尽可能做到家具的高低相接、大小相配。还要在平淡的角落和地方配置装

图13-15　家具的均衡性

饰用的花卉、盆景、字画和装饰物。这样既可弥补布置上的缺陷和平淡，又可增加居室的温馨和审美情趣（图13-15）。

（九）原则性

家具是房间布置的主体部分，对居室的美化装饰影响极大。家具摆设不合理，不仅不美观，而且不实用，甚至会给生活带来种种不便。 般习惯把一间住房分为三区：一是安静区，离窗户较远，光线比较弱，噪声也比较小，以摆放床铺、衣柜等较为适宜；二是明亮区，靠近窗户，光线明亮，适合于看书、写字，以放写字台、书架为好；三是行动区，为进门的过道，除留一定的行走活动地盘外，可在这一区放置沙发、桌椅等。家具按区摆置，房间就能得到合理利用，并给人以舒适、清爽感。

此外，高大家具与低矮家具还应互相搭配布置，高度一致的组合柜严谨有余而变化不足；家具的起伏过大，又易造成凌乱的感觉，所以，不要把床、沙发等低矮家具紧挨大衣橱，以免产生大起大落的不平衡感。最好把五斗柜、食品柜、床边柜等家具作为高大家具，而低矮家具作为过渡家具，给人视觉由低向高的逐步伸展，以获取生动而有韵律的视觉效果（图13-16）。

图13-16　家具的原则性

（十）多样性

对于大房间来说，家具的布置就更多样化。一般来说，家具的摆布大致可分为三种形式：

1. 一字形 如果房间大致成方形，那么，在室内较长的墙壁一侧，可顺行摆放组合柜、床等家具，对面墙壁可放置桌、沙发或矮柜等家具。若门开于墙的1/3部位，那么室内墙的2/3部位，可放置写字台或梳妆台之类家具，或在墙壁上挂镜子以提高室内亮度或宽度。

2. L形 室内如为矩形，门稍微居中，若稍长的墙对着窗，可放置矮式组合柜或写字台于窗下，门侧则放置沙发、桌等家具，让室内保留稍大的空

图13-17 L形

间。若另一侧墙放置家具，最好放置折叠式桌椅。如果组合柜内有一个可立可倒的折叠床，白天可将它立起来合于柜内，床的摆放不受限制（图13-17）。

3. U形 卧室、客厅都可采用这种摆法，如床可置窗前居中，两侧墙置橱柜，有一定观赏性，只是室内地面空间相对少了些。客厅中的书柜、音像柜、古玩柜等，都可以按照这种形式布置。

（十一）布置家具的注意事项：

1）新的住宅设计，居室大都有阳台或壁橱，布置家具时要注意尽量缩短交通路线，以争取比较多的有效利用面积。同时，不要使交通路线过分靠近床位，以免由于来往、走动而对床位的干扰。

2）活动面积适宜在靠近窗子的一边，沙发、桌椅等家具布置在活动面积范围内。这样可以使读书、看报有一个光线充足、通风良好的环境。

3）室内家具布置要匀称、均衡，不要把大的、高的家具布置在一边，而把小的、矮的家具放在另一边，给人不舒服的感觉。带穿衣镜的大衣柜、镜子不要正对窗子，以免反光影响效果。

4）要注意家具与电器插销的相互关系。例如写字台要布置在距离插销最近的地方，否则台灯电线过长，容易影响室内美观，用电也不够安全。

第十四章 家装设计技巧

一、充分利用空间的五种办法

1. 组合家具的运用 这是目前比较流行的做法。比如在一个居住6～15岁小孩的房间，相对狭小的空间内将1.2m高的床抬高40cm，把衣柜与书桌组合起来就是一种常见的做法，既方便又实用。

2. 打掉部分非承重墙用柜子作隔断 如果考虑到隔声效果、私密性的原因，还可采取加置夹板等隔声材料的办法。

3. 在门边、拐角等地方设置储物间或储物柜 在一些新开发的经济型楼盘中，为提高使用率，已经开始重视储物间的设计。如果一般家庭没有储物间的话，也可利用边角部分自己加装储物柜。

4. 采取开放或半开放式设计。例如餐厅与厨房连为一体，主卧与主卫相连通，书房与客厅连通成为共享空间，在视角上将空间放大。类似的设计在市场上都能够看到，也比较能被年轻人接受。

5. 艺术墙与镜子的结合运用 比如两面镜子幕墙中间安放酒水柜，用镶边的镜子作隔断，磨砂镜与银镜相结合，镜子与工艺画的搭配等，都可在视角上将空间放大。

二、简约装饰如何做到另类

1. 色彩障眼法 色彩障眼法的具体做法是可选择天蓝、米黄色的艺术油漆或墙纸对主墙面进行装饰，再根据个人喜好搭配抽象派的装饰画或其他工艺品，花费不多却能使整个屋子达到改头换面的效果，比较能被追求生活情趣的金领、白领接受。

2. 材质感受法 材质感受法主要在家具用品材质上下工夫，沙发以布艺的为主，造型可选择有转角带单独坐垫的，餐桌选用玻璃的，觉得冷了只需铺上桌布；地面可采用卡扣式木地板，简便易行。优点在于想让自己的家变个脸，一天就能搞定。

三、装修中常用的人体工程学尺度

日常生活中有许多事情要涉及高度，而掌握适宜的高度，不仅有益于人体健康，还会对生活给予很大的帮助，因此在装修和选购时一定要注意高度，尤其针对于以下几个方面：

1. 床铺 成人的床铺以略高于膝盖部为宜，使上下床方便；家庭中老年人的床略低于使用者膝盖，便于上下床铺和避免摔伤。

2. 椅子 成人所坐椅子面应低于其小腿1cm左右，这样下肢可着力于整个脚掌，便于两腿向后移动；孩子使用的桌椅应与其身体形一致。

3. 照明 白炽灯的灯泡距桌面高度，60瓦时为100cm，40瓦时为55cm，25瓦时为50cm，15瓦时为30cm；荧光灯距桌面高度，40瓦时为150cm，30瓦时为140cm，20瓦时为110cm，8瓦时为55cm。

4. 电视机 家中电视机距地面1m左右，最符合一般人视线的高度。

5. 煤气灶 煤气灶台一般高65～75cm，锅架离火口以5cm为宜。无论使用平底锅还是尖底锅，都应用支架撑起，以保证最大限度地利用燃料，减少室内污染。

四、室内设计的形式语言

1. 对比　对比是艺术设计的基本定型技巧，把两种不同的事物、形体、色彩等作对照就称为对比。把两个明显对立的元素放在同一空间中，使其既对立又和谐，既矛盾又统一，在强烈反差中获得鲜明的对比，求得互补和满足的效果（图14-1）。

2. 和谐　和谐包含谐调之意。它是在满足功能要求的前提下，使各种室内物体的形、色、光、质等组合得到协调，成为一个非常和谐统一的整体。和谐还可分为环境及造型的和谐，材料质感的和谐，色调的和谐，风格样式的和谐等（图14-2）。

图14-1　对比

图14-2　和谐

图14-3　对称

图14-4　均衡

3. 对称　对称是形式美的传统技法，是人类最早掌握的形式美法则。对称又分为绝对对称和相对对称。对称给人以秩序、庄重、整齐、和谐之美（图14-3）。

4. 均衡　生活中金鸡独立、演员走钢丝，从力的均衡上给人以稳定的视觉艺术享受，使人获得视觉均衡心理。均衡是依中轴线、中心点，不等形而等量的形体、构件、色彩相配置。均衡和对称的形式相比较，有活泼、生动、和谐、优美之韵味（图14-4）。

5. 层次　一幅装饰构图要分清层次，使画面具有深度、广度而更加丰富。缺少层次

图14-5　层次

图14-6　呼应

则感到平庸，室内设计同样要追求空间层次感，如色彩从冷到暖，明度从亮到暗，纹理从复杂到简单，造型从大到小、从方到圆，构图从聚到散，质地从单一到多样等，都可以看成是富有层次的变化。层次变化可以取得极其丰富的视觉效果（图14-5）。

6. 呼应　呼应如同形影相伴，在室内设计中，采用呼应的手法进行形体的处理，会起到对应的作用。呼应属于均衡的形式美，是各种艺术常用的手法。呼应也有相应对称、相对对称之说，一般运用形象对应、虚实气势等手法求得呼应的艺术效果（图14-6）。

图14-7　延续

7. 延续　延续是指连续伸延。人们常用"形象"一词指一切物体的外表形状。如果将一个形象有规律地向上或向下，向左或向右连续下去就是延续。这种延续手法运用在空间之中，使空间获得扩张感或导向作用，甚至可以加深人们对环境中重点景物的印象（图14-7）。

8. 简洁　简洁或称简练，指室内环境中没有华丽的修饰和多余的附加物，以少而精的原则把室内装饰减少到最低程度。以为"少就是多，简洁就是丰富"。简洁是室内设计中特别值得提倡的手法之一，也是近年来十分流行的趋势（图14-8）。

图14-8　简洁

9. 独特　独特也称特异。独特是突破原有规律，标新立异，引人注目。在大自然中，"万绿丛中一点红"，"荒漠中的绿地"等，都是独特的体现。独特是在陪衬中产生出来的，是相互比较而存在的。在室内设计中特别推崇有突破的想象力，以创造个性和特色（图14-9）。

10. 色调　色彩是构成造型艺术设计的重要因素之一。不同颜色能引起人视觉上不同的色彩感觉。例如红、橙、黄的温暖感很强烈，被称作暖色系，青、蓝、绿具有寒冷、沉静的感觉，称为冷色系。在室内设计中，可选用各类色调。色调有很多种，一般可归纳为"同一色调、同类色调、邻近色调、对比色调"等，在使用时可根据环境的不同灵活运用。

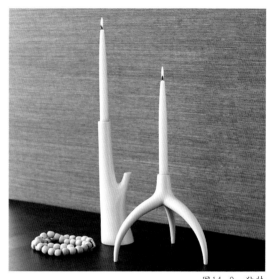

图14-9　独特

五、错层结构装饰装修设计有重点

1. 设计上追求个性化　相同的错层空间可以装修出完全不同的风格，以满足不同业主的需要，让装修更加个性化。目前，比较流行的装修风格主要有以下三种：一种是可以采用铁艺栏杆装饰错层，这种风格感觉大方，且不占用空间、不影响采光；第二种是一半采用玻璃隔断，一半采用地柜或者楼梯栏杆，这种风格比较实用；第三种是设计一个小吧台，这种风格时尚感强，可以充分展示出业主的个性。

2. 色彩上追求风格统一　大部分的错层处于居室的中心位置，很多情况下起到了客厅与餐厅隔断的作用。因此，错层的色彩应该与客厅保持协调一致，这样居室的整体效果会好一些。当然，错层的设计不妨别致一些，让这一块空间成为居家空间的一个亮点。比如，可以考虑将这部分空间做绿化处理，在错层附近摆放一些绿色植物，这样可以把视觉吸引到空间上，而不是仅限于地面。

3. 安全上追求人性化　在讲究装修错层空间的同时，设计师着重提到了安全性的问题。设计师强调：错层的装修一定不能忽视安全问题，这也就是所谓的装修的人性化。首先，从材料上讲，无论是选用木质的、玻璃的还是铁质的，都不能忽略了所选择材料的安全性，其安全性主要指是否有污染和材料是否光滑两方面；其次，如果家里有老人和孩子的，一定要特别注意他们上下错层时的安全问题。

六、利用小摆设来点缀空间

在室内装饰几幅意境深远、绮丽迷人的书画，几帧格调高雅、风姿照人的图片或装饰画，可点缀居室空间，使人赏心悦目。由于现代建筑层高较低，挂饰品常取横幅，但在窗口两侧或一块空阔墙面上，也可取直幅，以增加空间层高的感觉。书画等挂饰也可以起到平衡室内布局的作用，写字台上摆一幅装帧高雅的画幅，也颇有诗意和文化韵味。

各种室内摆设都能反映主人的情趣，几乎一切东西都可用于居室点缀。一副网球拍、一根渔竿、一个笔筒、一只长毛绒玩具、一尊塑像或琳琅满目的酒瓶、杯盏，往往直接或间接地点出主人的爱好和气质（图14-10）。

图14-10　小摆设点缀空间

在形式上，室内摆设的主要手法是采用对比关系；在色彩方面，还应该注意质感上的对比。有人喜欢将毛绒玩具放在床上，瓷器等物陈列在玻璃镜前，当然不失为一种格调，但不如将毛绒玩具安置在玻璃台一角，更显出台面之光洁和玩具的柔美。在玻璃台上置一光洁可爱的瓷器也可以，如果在下面用个小草垫，就更加相映成趣了。

艺术塑像或手工艺品，已越来越多地进入现代居室。这类具有高度文化素养的装饰品，因需要立体欣赏，故其放置极有讲究（图14-11）。首先，塑像周围要保持足够的气氛空间，即旁边最好不放置其他物品，或遮挡塑像的杂物，最好在各个角落都能看到它，其高度应与欣赏时人眼的高度等齐。有人为了保持塑像，特别是石膏像的清洁，用塑料袋或纱巾罩着，这样做首先使空间气氛顿消，为艺术品罩一层俗气。其次，在色彩上有了变化，一般彩陶色泽沉着，易和家具遥相呼应，难处理的是石膏像，若有浅色墙面相衬，可取得理想的意境；整洁的写字桌右方设一尊半身石膏像，衬以中性或深色背景也很合适。餐桌上不宜陈列塑像，因与其进餐的气氛不协调。如果用专门的架子或墙面搁板来陈列各种工艺品是最理想的。不论哪一种，都各有各的情趣和欣赏价值，不能一概而论。

图14-11　手工艺品点缀空间

七、装修中破坏审美效果的禁忌

1）忌吊顶过重、过厚、过繁、色彩太深、太过花哨等，现在公寓房层高本来偏低，这样会给人压抑、窒息之感，失去居室的温馨之美。

2）忌地板乱用立体几何图案以及色彩深浅不一的材料，这样容易使人产生高低不平的感觉，瞬间的视差易使老人、小孩摔倒。

3）忌地板色泽与家具不协调，如色差太大会影响整体效果。

4）忌墙壁、顶子装修出现宾馆化的倾向，以免破坏家居安静舒雅的初衷。

5）忌色彩过多，搭配不当，同一房间色彩不宜过多，不同房间可分别置色，忌花里胡哨、紊乱无序。

6）忌大家具放在小屋内，这样易破坏房屋的整体造型，使房屋比例失调。

7）忌陈旧家具陈设，让过时家具示众，则与整体效果极不协调、不般配。

八、石材放射性的正确了解

（一）自然界中放射性存在的普遍性

地球上的放射性现象早于人类诞生之前。也就是说，人类在具有放射性现象的环境中繁衍了数十万年。地球上几乎所有的物质都含有放射性元素，其中也包括人类本身。石材取之于自然，含有放射性物质是肯定的、正常的。

（二）石材放射性水平同其他建材产品的放射性水平基本相当

构筑生存、居住、办公空间的几乎都是建筑材料，生产建筑材料的原料取自于自然界。石材原矿取自于矿山，与其他建筑材质的本质是一样的。总体而言，建材产品的放射性水平属低剂量辐射，不能也绝不可能很快（短期内）导致确定性效应。例如一些报刊报道的因铺设杜鹃绿花岗石而导致不育，或因石材放射性导致各种癌症的发生。如此说法是缺少理论与实践依据的。

（三）石材放射性对人体健康影响的程度如何

对低剂量照射，专业人士也有不同的看法，这是因为缺少必要的流行病学调查临床数据。但有一样是肯定的，即放射性的高剂量照射肯定会对人体健康造成确定性效应的危害。而建材产品、石材产生的低剂量照射，有可能发生癌症，发生癌症的概率随剂量的升高而增大，一般为十万分之几。这一危险度并不比坐汽车、坐火车及建筑施工、矿山开采等行业的危险度高。石材标准的分类并不是有害还是无害的分界线，它需要进行利益与代价分析，即当人类的某项实践活动带来的利益大于付出的代价时，则这种实践是正当的。

（四）仅凭颜色判断石材放射性是不科学的

全国石材放射性监督抽查样品和委托样品的测试结果表明，石材的颜色不能作为判断石材放射性的依据。红色的石材放射性有高有低，杜鹃红、南非红、印度红等较高，有的是B类、C类[注]；而大量的红色石材，如万山红、罗源红则是A类产品。就是同一品种的石材，其放射性也因地而异，如杜鹃红因产地不同，有的为C类产品，有的则为A类。绿色的石材也是如此，目前检测到的杜鹃绿，是放射性物质含量最高的石材产品，它不是红色，而是绿色。然而大部分绿色石材放射性都是比较低的，如芙蓉绿、孔雀绿等。至于带花的石材，有高有低，更是难于分辨。黑色的、白色的石材相对较低，但测量的样品数量还不足以排除它们存在较高放射性的可能。总之，石材放射性不能仅从颜色来看，而要以经过计量认证机构认可单位检测的数据为准。

[注] 天然石材按放射性水平分为A、B、C三类：A类产品可在任何场合中使用；B类产品放射性程度高于A类，不可用于居室的内饰面，但可用于其他一切建筑物的内、外饰面；C类产品放射性高于A、B两类，只可用于建筑物的外饰面。超过C类标准控制值的天然石材，只可用于海堤、桥墩及碑石等其他用途。